U0782424

一场美梦

THE

CATCHER

IN

THE

DREAM

悦 悦 著

中国青年出版社

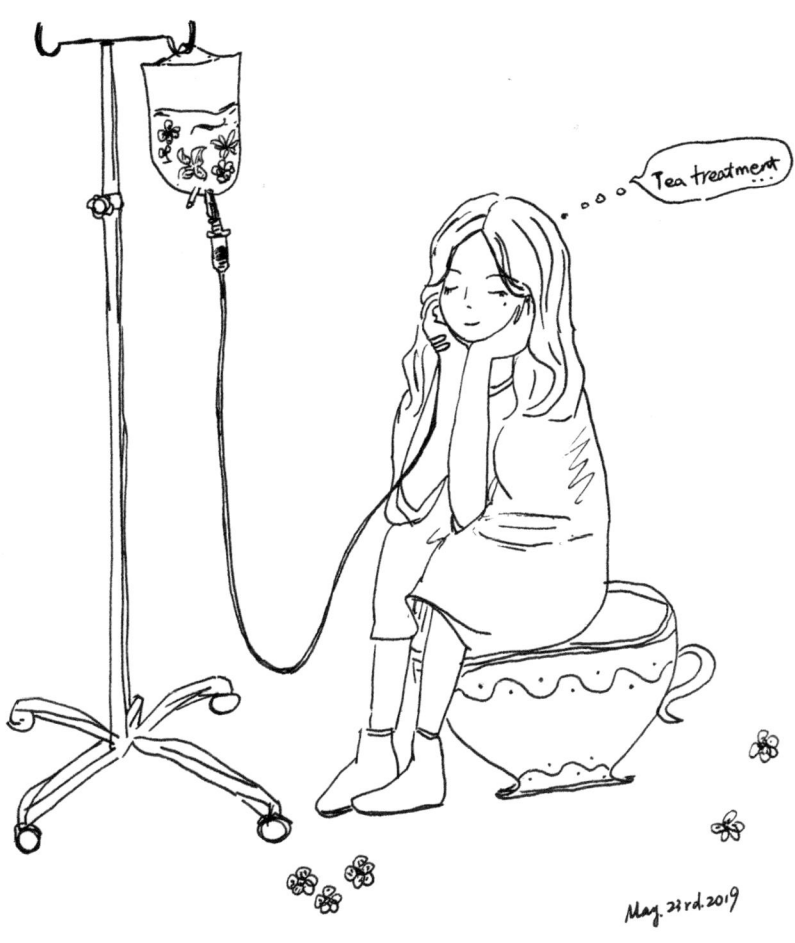

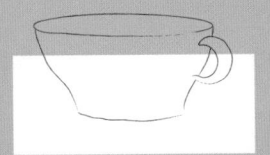

在这个世界上没有一个故事是虚构的。

如有雷同，请多保重。

目录

序   16

01 老狗的秘密   20
AN OLD DOG'S SECRET

02 一场美梦   26
THE CATCHER IN THE DREAM

03 不洗头又不会死   32
BAD HAIR DOESN'T KILL

04 刺青   42
TATTOO

05 答案   50
ANSWERS

06 当 SAMMY LEE 遇上 JOSEPH LAU   58
WHEN SAMMY LEE MET JOSEPH LAU

07 旋转门   66
ICU

08 皮囊之下   74
UNDER THE SKIN

09 石佛营   84
SHI FO YING

10 老人院里有个游乐园　　　　　　　　　　　　90
A WONDER PARK IN THE NURSING HOME

11 笨笨的爱　　　　　　　　　　　　96
LOVE WITHOUT WORDS

12 不必正常　　　　　　　　　　　　102
NO NEED TO BE NORMAL

13 不出门纪录保持者　　　　　　　　　　　　108
INDOOR-RECORD HOLDER

14 厕所女神　　　　　　　　　　　　114
TOIRE NO KAMISAMA

15 单选题　　　　　　　　　　　　120
COFFEE OR TEA OR ME?

16 打针记　　　　　　　　　　　　126
INJECTION

17 短歌集　　　　　　　　　　　　132
TANKAS

18 那些我为你做的无用小事　　　　　　　　　　　　140
THOSE USELESS LITTLE THINGS I DID FOR YOU

19 记忆的分身　　　　　　　　　　146
THE PAST

20 寄生兽　　　　　　　　　　152
THE PARASITIC

21 真心话不冒险　　　　　　　　158
BE STRONG

22 猫恩难忘　　　　　　　　164
TO MY BELOVED ONES

23 陌生人观察课　　　　　　174
OBSERVATION 101

24 非典型疼痛　　　　　　180
ATYPICAL PAIN

25 那些我再也吃不到的美食　　186
NEVER AGAIN

26 女子无财便是德　　　　194
FAIR LADY WITH NO FORTUNE

27 三厘米白发　　　　200
3CM GREY HAIR

28 顺其自然　　　　　　　　　206
LET IT BE

29 选择不恐惧　　　　　　　　212
CHOOSE TO BE BRAVE

30 细节的能量　　　　　　　　218
THE DEVIL IS IN THE DETAIL

31 遗愿清单　　　　　　　　　224
BUCKET LIST

32 永远未成年　　　　　　　　230
FOREVER SEVENTEEN

33 与自卑抗争的许多年　　　　236
YEARS OF STRUGGLE AGAINST INFERIORITY

34 元气就是孩子气　　　　　　242
STAY CHILDISH, STAY VITAL

35 云和岩石　　　　　　　　　248
CLOUDS AND ROCKS

36 最糟糕的 一天　　　　　　254
THE WORST DAY

后记　　　　　　　　　　　　260

序
PREFACE

悦　悦

这是一本迟到的书。

写下面这些字的时候，我不知道它什么时候能够和你们见面，甚至不确定到最后有没有机会被你们看到。正因为人生中有过很多次半途而废或不了了之的"好事"，所以习惯于先想到最糟糕的结果，免得自己太过于高兴，导致在不理想的结局面前失去控制。你看，我有时就是这样一个悲观的人，做最好的努力，做最坏的打算。

我的工作是一直要说漂亮话的，要流畅地说话，时时刻刻说正确的话，不能出错，不能念错别字，不能紧张，不能没有笑容。北漂的前13年，我是靠说话为生的。第14年的时候，我开始尝试我不擅长的事，开始把自己的文字慢慢总结起来，尝试着写一些故事。第15年的时候，为了防止书卖不出去，我把故事和一些简便好喝的花草茶方结合了起来。在此感谢国家级名老中医学术传承人陈新老师对花草茶方的配制。也要感谢朋友们鼓励我拍了和故事相呼应的写真照片，显然他们多么担心书卖不出去。

可是，写字是我为数不多擅长的事。小时候家里没有书桌，晚饭后碗筷收拾好，圆形餐桌就是爸爸和我两个人的写字台。我们各占半圆，我写我的作文，爸爸处理他的文件。安静的房间里，只有白炽灯偶尔发出的嘶嘶声和笔尖摩擦稿纸的声响。

书写是很诚实的事，有的书是写给别人的，意在取悦；有的书是写给自己的，为了解脱。这本可能是后者。写字是与自己坦诚相待，文字是镜子，折射内心。以前写专栏都是议论文捆绑知识点，也写过淡鸡汤。我不会写故事，毕竟好故事得像好电影一样，需要结构和人设，紧密的情节推进，还得有巧思和彩蛋。会写故事的作家中，我很喜欢李碧华，她不啰嗦，笔起刀落一气呵成，三句话一个人物就活灵活现，结局又永远猜不到。读了她很多本长长短短的故事书，更觉得写故事很难。这本书里壮着胆试写了一些故事，写完后心里没底，就立刻发给朋友们看，请他们提意见、谈感受，得到反馈后再修改。常是凌晨三四点才写完，写完就发过去，那段时间朋友们都被迫养成了夜间手机静音的习惯。

对于白纸黑字，我的态度是端正的。书里的一部分散文是独自在纽约和伦敦游历的时候完成的，也有一些人到中年才开始慢慢总结的"奋斗"和"感悟"。书非借不能读，人不走不能写。许多平日来不及写下的感受和对于有限的经历的些许总结或许对于你来说，是还凑合的消遣。

说这么多，大概是怕辜负。如果散文和故事你都不喜欢，也请原谅耽误了你的时间。为了止损，你可以直接看后面的花草茶方——这是我压箱底的养生牌。

最后谢谢一直鼓励我写作的家人和朋友。

阿波罗说
到边上来
阿波罗 站在悬崖边上
他说到边上来
阿波罗 站到悬崖边上
他跳下去
他飞了起来.

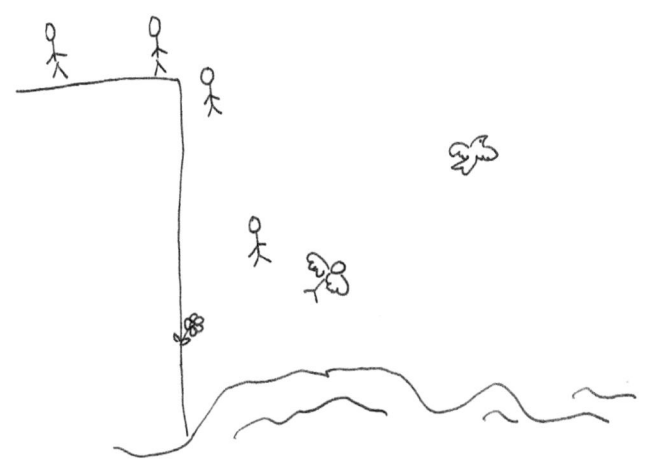

01 老狗的秘密
AN OLD DOG'S SECRET

能不打打杀杀是最好，保全完整躯体，才能爱人爱己，但心是小的，装不下太多人，也装不下太多油脂。

夜间急诊如闹市。满地铺陈的不是商品，是输液病患暂时的床榻和祈祷。保住命并还有床睡的，是绝对的"幸运儿"。病人闭着眼，家属坐在床角惊魂未定。医生护士走路生风，急救车的蓝灯和特殊的嘶叫让每个人神经紧绷。

"患者陈庆，男，45岁，突发心绞痛，有高血脂高血压病史，发病时在饭局上喝了不少白酒……"急救车上的医生和急诊医生简单交代病情，护士们冲上来推陈庆去做进一步检查，高度怀疑急性心梗，危在旦夕。

陈庆最后的意识停留在金色筷子托上那一朵雕刻出来的梅花。她最爱梅花，她连名字里都有个"梅"字。

"陈庆！我丈夫叫陈庆！他们说他被送来这儿了！他在哪儿？！"

护士见多了这样的慌张和无措，"您别急，我帮您查一下。嗯，在三楼做检查，目前高度怀疑急性心梗，有可能需要做介入手术。您先办手续吧，我们会尽全力的。"她的发髻跑散了，碎发肆意遮住她精致的五官。此刻她不是傲慢强势的女总裁，她是一位濒死患者的家属，她的权力和光环在这里归零。接到电话时她刚刚进家门，出门太急，她抓了一件陈庆的外套就跑了出来，身无分文。交款的窗口排队，她下意识地摸索着衣服的口袋。陈庆是个粗心的人，每次保姆来洗衣服都能上缴一堆从陈庆衣服里翻出来的钱，不知道她今天运气怎么样。有张卡。她翻到了一张银行卡。太好了。可是，密码是多少？

天气预报说最近早晚温差很大，提醒市民注意增减衣物。早上出门时，陈庆特别选了一件厚外套，里面是件淡蓝色的衬衫。这件衬衫她最喜欢，也是她送的礼物。春天迟迟不肯来，一些项目的进程也推进的有点慢。温度会影响建筑材料和黏合剂的效能，他不能操之过急，但是和对方的合同也得尽快签订才能踏实干活。他一边盘算着这些，一边在汹涌的早高峰里穿梭。等红绿灯时，他收到一条微信："我晚上加班，你自己安排。少喝酒。"红灯有点长，他发了一条微信："晚上八点金梅厅，你也参加吧。:）"

密码是多少？她的脑子飞快地转着。儿子的生日？******，不对！结婚纪念日？******，不对！陈庆和她经济上一直是分开且独立的，彼此非常尊重对方的财政自由和隐私，身边很多（男）人都很羡慕他们的状态，是夫妻，但更像是一个阵营的伙伴。她从没问过他的银行卡密码，隐约记得只有一次在酒局上，一群朋友都喝多了，开始玩年轻人的"真心话大冒险"游戏。陈庆输了，要真心话，有人问："你银行卡密码是多少啊？老实交代！"陈庆红着脸："我最爱的女人的生日。"朋友开始起哄，她也红了脸。此刻，这是救命的线索。她深吸一口气，输入自己的生日：******……密码错误，请联系银行取卡。

路上车不算多，这一天的会议也还算顺利。一连开了三个重要的业务会，午饭将就，热茶配7-11的盒饭，陈庆保持了创业之初的吃苦耐劳。白手起家到四十岁生意才进入正轨，凭着好手艺、好信誉、好酒量，最近五年才开始慢慢过上所谓好日子。下班之前他收到微信："安排好了，晚上见。给你带了解酒药，但还是少喝。"陈庆离开办公室之前特意去洗手间照了照镜子，洗了把脸，浅蓝衬衫有些皱了，他用手沾了点水，使劲擦了几下，走了出去。

"病人家属，陈庆的三支重要血管都有不同程度的狭窄，其中一支狭窄超过90%，需要立刻进行支架手术，你在这里签一个字吧，这些是手术须知，你简单看一下，我们要尽快给病人手术，情况很危急。"她的脑袋里一片空白，家人朋友都在赶来的路上。她此刻是一座单薄的孤岛，陈庆的外套生硬地包裹着她。她无法看清手术须知里的汉字，她颤抖着写下自己的名字。她从未像此刻这样觉得不能没有陈庆。但是，陈庆是不是一样不能没有她呢？

金梅厅是个很大的包间，一般能坐十几个人，今晚就安排了八位客人。椅子和椅子之间保持了舒适的距离，红酒杯白酒杯都摆好了，金光灿灿的餐具，连筷子托上都雕刻了梅花图案。甲方四位乙方四位，吃好喝好，合同签好，就算大功告成。陈庆是个老道的乙方，推杯换盏间已经基本谈妥。起身的时候，胸口一阵痛，冷汗瞬间出了一身。他最近一直觉得胸闷，偶尔胸口疼，但是并没放在心上。她看到他脸色有变，赶紧扶他坐下。疼痛像一块巨石从高空砸下，正中他的胸口，且越压越紧。

她看情势不妙赶快打电话叫急救，声音颤抖脸色煞白。陈庆想安慰她别担心，却说不出声音。他不想看到她着急，不想让她担心，这是他唯一能为她做的事。他只想默默守护她，在能看见她的时候，尽可能看到的都是她的笑脸，她的虎牙，她的全部……陈庆突然觉得好累，他闭上了眼睛，一束白光中梅花怒放。

"手术很成功，病人度过危险了。你们等会儿就可以进去看他了。没事了。""谢谢医生，谢谢你们。"朋友同事也都赶来了："嫂子，人没事儿就好了，赶快进去看看他吧。"陈庆在洁白的床上安静地睡着，像过往的二十四年中，每晚睡在她身边时一模一样。可是她从没像此刻这般，觉得这个男人还在均匀呼吸是那么一件值得感恩且超越一切的事。她不想在外人面前哭，她只是默默地坐在了病床边，握住了陈庆的手。

"李梅，那拜托你帮陈总办一下住院手续吧。"
"嗯，好。"

张爱玲说：你如果还想保留他，就必须听他讲，无论听了多痛苦。但是一面微笑听着，心里乱刀砍出来，砍得人影子都没有了。

能不打打杀杀是最好，保全完整躯体，才能爱人爱己，但心是小的，装不下太多人，也不装不下太多油脂。

02 一场美梦

THE CATCHER IN THE DREAM

说不定他们在某一天的梦里会相遇，绣球婶可能穿着花裙子骑着自行车，绣球叔和她在某个红绿灯路口同时停下来，目光相遇那一刻，有电影里常常出现的慢镜头和侧逆光，而那一天他们恰巧都是 26 岁。

鸣虫不叫的时候是死一般安静的。我见过人家拿去比赛的鸣虫，因为没有眼睑，个头也不小，待在小盒子里的时候像是树根雕刻出来的，它们的使命就是叫唤，偶尔休息时，几房几厅的小盒子如同高级棺木。

　　绣球叔就爱盯着大大小小的盒子看，不管这些虫儿叫不叫，盯住它们是他的使命。绣球叔家的大门总是敞开的，他爱热闹，爱跟人聊天。以往夏天很热的时候他就爱搬一个板凳坐在门口，谁路过都会问候他几句，有时候运气好，问候就能衍生出一场攀谈，几个回合下来绣球叔的一天就不会显得那么冷清和漫长。如今小区里多半都是新搬来的了，外地打工租房的人占了大多数，早出晚归，匆忙漠然。与绣球叔相熟的老街坊几乎都搬去了新盖的小区，有电梯的。整个上午老楼里都安静得可怕，连孩子的哭闹都没有，绣球叔就一个人坐在屋里，看看虫再看看表，时间到了十点半，起身去厨房做饭，中午他要去给绣球婶送饭。

绣球婶是我听过住院最久的人。七八年前就听爸妈说绣球婶中风住院了。我怎么都想象不出来说话那么大声、吵架能赢全世界的绣球婶有一天会变成张嘴却说不出整句的女人。用现在的话说，绣球婶年轻时是我们楼的 Fashion Icon，她很会做衣服。一楼的小阳台被改成了一个工作间，大家拿着布料和杂志上的款式样子给她，三天之内就能做出一模一样的裙子裤子来。有一段时间我们楼的阿姨们（包括从未放弃追赶时尚却未追赶上的我妈妈）都有好几件绣球婶的作品。大家还会在孩子哄睡了老公去打牌的空闲时间里聚在一块探讨如何改良设计来遮挡不断增长的肥肉。绣球叔很爱自家门槛被踏破的繁荣，他憨憨地给大家端茶倒水，绣球婶就是他的女王兼女神，他爱看媳妇儿在缝纫机后面闪着光的眼神，也爱听绣球婶在人群里威震四方的大嗓门儿。我被妈妈带去参加过几次这样的"时尚聚会"，吃了好多西瓜也得到了很多内幕，诸如菜市场谁家最爱短斤少两，隔壁楼谁的儿子娶了不生孩子的媳妇。

后来我被父母送去寄宿学校，偶尔周末回家一趟，还要去姥姥家奶奶家打卡，就很少能见到绣球叔和绣球婶。偶尔遇到时，绣球婶依旧在阳台上大声喊我的名字："大媛儿回来啦！大姑娘啦！"绣球叔也会冲过来看看我，端着面条问我吃不吃。这大概是我脑海里关于他们最后的鲜活生动，没多久，就听我妈说绣球婶中风了。说有一天在厨房里做饭，突然就倒了。

因为送医院不够及时，绣球婶一部分脑功能受损，说不了话了，胳膊和手也不利落了，走路更困难，上厕所都需要人扶着。市医院的医生建议去康复医院再住一段，科学的康复锻炼说不定能帮助恢复肢体活动能力。绣球叔眼睛瞪得大大的："那她是不是还有可能……能做衣服？"医生愣了一秒："要相信科学，奇迹每天都在发生。"

绣球叔卖了养了很久的一些名贵的鸣虫，卖了在郊区的库房，卖了家里能卖的一切，把绣球婶送去了康复医院。医院远离闹市，也离家很远。绣球叔每天都倒几趟车去看绣球婶，有时候天气不好不方便来回折腾时，他也会在绣球婶脚底下窝一宿。一宿会被分隔成好几段，绣球婶想上厕所时就会用脚蹬蹬他，他立刻翻身下床开灯，扶着绣球婶去厕所。起先绣球婶会不好意思，老用手推他出去，绣球叔就嬉皮笑脸地说："我转过去还不行吗，老夫老妻了害羞啥嘛。"绣球婶不是害羞，她只是不想难堪，可惜身子不给力。

在医生护士的帮助下，绣球婶肢体恢复得还可以，但是中风带来的又一个问题开始凸显。绣球婶开始忘事，抗拒交流，还会乱发脾气。医生说可能是血管性痴呆。中风之后有一些脑损伤会造成认知功能的损害，症状上有一些和老年痴呆是重合的。绣球叔听不太懂这些，直到绣球婶把他送来的粥打翻在地上，嘴里高声喊出"救命"俩字。护士赶紧冲过来安抚，绣球叔的衣襟裤腿上都是香喷喷的粥。用枕套改成的保温套也被丢在地上。粥可是熬了很久的，还放了贝柱和虾肉。虾头他攒起来自己油炸了配馒头吃，虾肉都去了虾线，处理得干干净净，和邻居送的贝柱一起放在锅里煮。医生说营养要跟上，绣球叔的厨艺进步了很多，以前只会煮面条，现在啥都会了。他一路把粥抱在怀里怕冷掉，一个小时的路程后端到了绣球婶的面前，就这样被干脆的打翻在地。绣球叔看着绣球婶尖声哭闹的样子，心一下子碎了，比摔碎的碗碎得还要彻底。

因为病情需要更多专业的人手照顾，绣球婶转去了一家疗养机构，里面住了很多失智老人。疗养院在更远的郊区，群山环绕，环境很好，绣球叔去一次要花两个多小时。我中间见过绣球叔一次，我妈让给绣球叔送一些茶叶和糕点。开车到了楼下，小阳台里缝纫机还那么摆着，屋里黑着灯，我以为家里没人，但还是试着敲了敲门。绣球叔来开门，看见我顿了一下，随即调动五官调整出一个我熟悉的笑脸欢迎我进屋。一定是很久没笑过了，脸上的皮肤因为嘴角的上提而发生了撕扯，像是翻开一本旧书时会有灰尘掉落。屋里很乱，没有访客也没有女主人的家。绣球叔坐在我对面感觉整个人小了一圈，头发也白了。

"你婶现在好多了，能下地溜达能照顾自己，就是不认人。老说自己今年 26 岁，是毛巾厂的厂花，嘿嘿嘿。"绣球叔摸着脑袋低着头，眼泪吧嗒吧嗒掉下来。26 岁那年绣球叔还不认识绣球婶，绣球婶现在的世界里没有他了。

后来，我再也没有见过绣球叔。妈妈说他把房子卖了也搬去了那个疗养院。不知道他有没有开始追求厂花，而厂花会不会接受他的爱。说不定他们在某一天的梦里会相遇，绣球婶可能穿着花裙子骑着自行车，绣球叔和她在某个红绿灯路口同时停下来，目光相遇那一刻，有电影里常常出现的慢镜头和侧逆光，而那一天他们恰巧都是 26 岁。

2016 年 10 月，绣球婶肺部感染去世。
2017 年 3 月，绣球叔癌症去世。

因为工作的关系我经常能听到类似的故事，写出来后还是和最初听到时一样感慨生命的脆弱和无常。许多人和事都有时限。生下来那一刻其实就开始在倒数了，只是力壮时我们常常感觉无所不能。所幸如今已经懂得解锁时限的方法：一、保养；二、珍惜。

03 不洗头又不会死

BAD HAIR DOESN'T KILL ☕

林粒子又开始听不清了，或许是火车站里同时说话的人太多了。李一辰的嘴巴一张一合，女朋友也笑盈盈的。茉莉花香萦绕着这古怪的交谈，她的眼睛扫过李一辰的头顶，时钟显示两点十四。距离出发时间还有十分钟，距离自己动念的爱情还有一万年。

从朋友那里听来一个故事。

一个女孩不爱洗头。在她几岁大的时候，有一次在池塘里玩，被同伴推倒了，呛了好几口水才被救上来，从此就开始害怕满头满脸都是水的感觉。

她可以轻轻松松三四天不洗，放长假不出门时也试过一个星期不洗。没有发霉，也没有生虫，没什么的。洗头是件麻烦事。先要把头发彻底打湿，闭着眼好没安全感，满脸都是哗哗的水流。挣扎着睁开一个小缝，摸到洗发水，快速挤出一坨，胡乱抹在头发上，偶尔有泡沫挤进眼睛，疼到不行。快速冲水，哗哗哗的水流，凭感觉把泡沫冲没，这个过程里还要小心水会飞溅到耳朵里。

中耳炎她也得过，因为太抗拒洗头，在大众浴池里和妈妈挣扎扭打，灌了好多水在耳朵里，然后就开始化脓发烧，一个月。想想只有后怕。好不容易洗好了，现代文明发明了护发素，还要一切流程再来一遍。终于逃脱浴室，但是仍旧是湿哒哒的。满头满脸的水，就像那次被大人从池塘里捞出来时，也是一头的水，在陆地上浑身打战，裹着不知是谁的衣服，泼辣的脾气彼时已经忘了爆发，眼神空洞嘴角抽搐，小伙伴们个个吓傻，时空里只剩水滴顺着头发滴下来撞击地面的声音。

心理医生说这件事令她埋下对周遭缺乏安全感的坏种子。那个池塘她后来有一年过年回家特意去看过，一米多深浅而已。她看了好久，风从水面上吹过来，带着微微的臭气和寒意。

"林粒子！你敢下来吗？"
"有什么不敢！"她从小是不服输的逞能大王。
"那你下来啊！哈哈哈！"
"李一辰，我今天下来了你以后就得管我叫姐！"
"哈哈哈，好，一言为定！"

李一辰长什么样子都忘了。转眼都是二十年前的事了。从一个小孩到一个大人的过程比人们预想的要快很多。心理医生说失控是她恐惧的根源，水只是一种形式的载体而已。

人总是会被某一种形式的恐惧困住很久。怕黑的，怕火的，怕虫子，怕人头攒动，怕钢笔尖戳进眼睛，怕坐电梯摩天轮飞机，怕和一个人建立长久的亲密关系等等。

林粒子可没时间分析这些，她还要完成好几个PPT才能拿到足够的绩效工资，才能保证房租和吃喝。房租一直涨，有一年房东说不租了，让她搬家，说房价涨了要把房子卖了。林粒子慌了，下班买了水果去拜访房东，希望房东能容她多住一阵。房东是中年男啃老族，抖着腿抽着烟，讲了一堆国家政策经济局势。

林粒子满头汗，挠着打缕儿的头发听不懂。末了，房东说："得了，看你这样也是个实在的老实姑娘，再租你仨月。赶紧找个踏实的有房的，嫁了，多好。好好捯饬捯饬自己吧姑娘。"

三个月就能嫁出去吗？三年也难吧。林粒子在地铁上睡着了，她隐约听见了水声，耳朵里注满了水，像与世隔绝，周遭渐行渐远，却手足无措。

年中公司要在杭州做一个展会，同行的公司都被邀请参加。林粒子的部门负责活动策划和公关招待。加班到深夜，回家只想平躺。闹钟响的时候按掉，连定三个闹钟，最后一个响时才挣扎着起床。洗把脸，把头发简单的梳个马尾，碎发因为头油够多已经非常服帖，省去了卡子和发蜡。周而复始，一连两个星期。有一天上厕所照了一下镜子，林粒子看到了一个陌生的中年女人，复古的发型，蜡黄的脸。爱笑爱闹爱逞强的林粒子死了吗。

六月的杭州已经很热了。展会内外男男女女西装革履，林粒子的白衬衫在黑西装里慢慢变透明，她埋头整理要送给参会人员的资料袋。头发里都是汗，偶尔抬起手擦擦鬓角。她懒得抬头懒得挤出很勉强的笑容，躲在签到桌的最远端，巴不得时间快点儿过。

"林粒子！"
"嗯？"
一张挺阔的方脸，粗眉圆眼睛，黑脸。"请问您……"
"哈哈哈，姐。"

人的脑袋里有好多个抽屉。这个声音和这个称呼，从一个抽屉里被抽检出来，晾在太阳下面等待确认。

"结束了给我打电话，一起吃饭。我们领导喊我了，晚上见，姐。"
一张名片握在手里——销售总监：李一辰。

周围继续喧哗，交换名片的举动每秒都在发生，刚刚是其中一例。林粒子看着这个名字，耳朵里又出现了水声。

杭州好吃的据说很多。同事们每天都出去吃宵夜，林粒子不合群，每天就在快捷酒店楼下的小摊上买份面或包子，回房间一边吃一边看电视。她不觉得孤独，在大城市的第一年最孤独，后面就习惯了。但是她今天居然有约。回到酒店脱掉已经粘在身上的西装衬衫，甩掉鞋袜，走进窄小的淋浴间，顺手抄了浴帽进去。不想洗头，明天再洗吧，还能坚持一天。可是要出去晚饭，会不会不太好。算了，无所谓。浴帽套上，冲凉。花洒喷薄而出的水珠打在林粒子的身上，她摸着内衣在身上勒出来的一道道红印，低头看着肿成馒头的脚，有点儿后悔答应了他。

"吃什么？你随便点。 能遇上真是太巧了。老远我就看那女的好眼熟，走过去看还真是你。多久没见了？这几年你回过老家吗？你爸你妈还好吗？你怎么样啊？你那个公司待遇好吗？我看你样子很累啊……"

这是长大后的李一辰，宽肩膀，双下巴。在林粒子的印象里，他是黑瘦的小个子，整张脸靠眼睛撑起来，眼睛特别亮，在很黑的地方都是闪闪的。头发很短，经常被他爸爸追着打，他做的冒险事，林粒子都要试一试，以此来巩固女生中"女老大"的位置。

菜单油腻腻的，翻来翻去，林粒子点了西湖醋鱼，游客必点。杭州有西湖，西湖有醋鱼。杭州有许仙白娘子，可惜菜单里没有，有的话林粒子也会点来看一看。她的心没有了很多好奇，她知道的事大家都知道，她也不想知道更多，她没有可以分享的人。

"我还行。上班赚钱，哪有不累的工作。"她低头摆弄着筷子，不抬头，不习惯，多久没跟男人吃过饭了。"那你哪天回北京？我后天走。要不要一起走啊？""我还不知道。""哦……"李一辰的热情慢慢被冰块稀释，他记忆里的林粒子是上天入地无所不能的大嗓门。眼前这个女人，他也不太认得了。

招牌菜做砸的概率很高。又酸又腥，鱼眼凸出，支离破碎。两个人吃得愈发沉默，难吃而尴尬的一餐。李一辰结了账提出去湖边散步。林粒子想了想，来了几天了确实还没看过西湖，答应了。景点无论何时都是人多的，这样不会尴尬，怎么都是热闹的。俩人并肩走着，偶尔要挨近一些给对面走过来的人让让路。六月的西湖，水汽氤氲嫩荷片片。林粒子三天没有洗头了，她很担心贴近的时候，会不会有奇怪的气味被李一辰闻到，因为身高刚刚卡到他的鼻尖位置。

　　"还记得陈老师吗？"李一辰还是想说话。
　　"哪个陈老师？"
　　"咱们幼儿园那个老园长啊。"
　　"喔。怎么了？"
　　"前年心脏病去世了。"
　　"喔。"

　　林粒子脑子里打开了一个抽屉：老园长是个高个子严厉的女人，戴着眼镜，总是穿一件灰毛衣。李一辰和林粒子同班，一个是男生班长，一个是女生班长。两人平时总是拌嘴，连吃豆包要比谁吃得多。是比赛就有输赢奖惩，林粒子老能赢，赢的人可以随意使唤输的人，李一辰，总是输。

　　记忆的抽屉接二连三地打开：中考的林粒子遭遇滑铁卢，分数只够技术专科学校。她爸妈让她去学了会计，深信会计是不会找不到工作的专业， 哪里都会需要会计。骄傲的林粒子额头上被刻了隐形的 loser 字样，自此后慢慢沉默，在教室和自习室度过一个又一个相同的白天和夜晚。在其中的一个夜晚，李一辰好像来看过她一次，带了些水果和路边摊的肠粉。林粒子甚至已经忘记了曾经存在过那样一个夜晚，一个格子衫少年和一个苍白邋遢的少女，一起沉默地吃过一碗肠粉。

　　技校毕业，林粒子发烧了一个月，脱胎换骨。其他人高考结束，作鸟兽散。修养好便被家人催促着找工作，事实证明，会计很多，职位很少。老会计越老越值钱，新会计和厂长、总经理没什么亲戚关系也很难入职站稳。林粒子的傲骨在岁月的敲打下磨成软糖，家人的碎碎念让她心一横，去北京，无论如何，至少耳根清净。

李一辰还在说着什么，林粒子看着他嘴巴一开一合，月光雕刻了一个陌生又熟悉的轮廓，眼睛还是闪闪亮亮的。鸣虫也凑热闹，愈发听不清，耳朵里又出现了闷闷的水声。

回酒店后，林粒子收到微信："真是太巧了。一起回北京吧，路上还多个伴。后天下午两点火车站见。"

展会结束，林粒子请假多留了一天，多留一天才是"后天"。她不知道为什么会答应一起走，她只是在眼前看到了这个答案。

打开淋浴头，热水很有力量地倾泻下来，林粒子决定要好好洗个头发。杭州到北京要坐好几个小时火车，她想和他肩并肩时是散发茉莉清香的。满头泡沫时她闭着眼，脑海里预演着他会在见到她时说什么，她该穿什么……

车站这天，林粒子出现在候车大厅，她一眼就看到了李一辰。李一辰穿着格子衬衫，旁边站了一个面容清秀的女孩儿。

"你来啦！真准时。给你们介绍一下，这是秀儿，我女朋友，我们公司的会计。这是林粒子，我的小姐姐，是我老乡……"

林粒子又开始听不清，或许是火车站里同时说话的人太多了。李一辰的嘴巴一张一合，女朋友也笑盈盈的。茉莉花香萦绕着这古怪的交谈，她的眼睛扫过李一辰的头顶，巨大的时钟显示两点十四。距离出发时间还有十分钟，距离自己动念的爱情还有一万年。

1. 伦敦 SKETCH 餐厅楼梯拐角处的艺术品，不知道主题是不是"看起来头好痛"。

04 刺青

TATTOO

身上背着别人的名字，即便此生努力绕开，再也不见，也早已在宇宙中留下了无法篡改的关联。

得知他求婚成功的消息还是在朋友圈。

她正在开会，无聊地在淘宝和朋友圈来回切换。毫无预兆的，她看到共同的朋友发出气球门和芍药花束，有水晶灯的餐厅和白马雕塑的花园，他紧紧搂着另一个姑娘，他居然笑中带泪。她假装打了一个很大的哈欠。

芍药花是她最喜欢的花，白芍药，他明明知道。

三天前他发来微信，说他准备求婚。彼时她正和客户焦灼舌战，抽不出脑子反应，就草草回复说好，说祝福，说你要好好的。他拿着手机愣了一会儿，她回复得太快太职业太敷衍了，和他想的不一样。他以为她会惊诧一阵再回复，或者，她会假装不在意地八卦一下求婚对象到底是谁，又或者会流露出难过。没想到，零延时回复，利落的祝福，没有任何追问。"你要好好的"这一句在分开的三年里，她至少说过20次了。她一点儿都没变，是个冷血任性自私的混蛋。他在书店又坐了半个小时。手机安安静静。他起身走出去，去楼上的 Tiffany 买下一对婚戒。

"我好喜欢这个戒指。死了我也会带进棺材里。"

她把手举到天上，月亮被夹在无名指和中指之间。

"傻子。真不吉利。"

"这么贵的戒指，咱俩这个月吃啥喝啥？"

"没事，咱们一会儿站在路口，张开嘴喝喝西北风就饱了。"

"我才不要，我要回家煮面了，就剩一包啦，先到先得！"

他看着她跑起来，他有种奇怪的父爱泛滥开来。一个戒指七千多，两个一万五，有钻石的买不起，但是以后他一定能买得起。"以后"是多以后他没想，他坚信他们一定有以后。她欢脱的样子像个小孩子。他想套住她，想让她虚荣一下，开心一下。虽然她从来没开口要过这些，但他想力所能及地对她好。

那时候他刚刚辞职出来创业，新公司只有三个人，租不起办公室就在他家里的客卧办公。小床上坐着三个壮汉，一人一个电脑，满屋烟蒂废纸。她心疼他，就每天在家洗衣做饭，偶尔出去兼职给小朋友上上英语课。她说她是最全能的主妇，上得讲台下得厨房。他一把揪过她来吻住，胡茬儿刺红了她的下巴。

那时的日子轻盈的像蝉翼，他们24小时在一起，吵架也是有的，离家出走的范围不会超出小区。她是妈妈一个人带大的，因此独立敏感、缺乏安全感。发脾气时是歇斯底里的烈女，打人、摔东西、撕烂所有合影，她都干过，但是每次都是他抱着她两个人一起哭。他看不得她哭，所以才哭。为了证明他永远不会离开她，他们一起去了刺青店，把彼此的名字刻进皮肉里。石头剪子布决定谁先来刺。她输了，他说赢的人先刺。刺青的机器里藏着七八根针，组成一个图案的每一个点都要扎七八下。她瞪大眼睛看着自己的名字出现在他的手臂上，又心疼又开心，像是盖了自己的戳，从此不再有人敢觊觎。虽然妈妈总是说男人靠不住，但是她觉得他一定能，因为他身上有她的名字，他还能去哪儿。一个小时后，换她了。他握住她的手，她闭上眼睛。刺青最吓人的时候就是第一针下去之前那几秒。画图、勾线、裁纸、备皮、拓图，然后第一针就刺下来了。她哈哈大笑起来说一点都不疼，还没有大姨妈疼呢。他还是揪着心，这是一个了不得的仪式，比指天誓日还隆重，这是一辈子的事。刺青是一辈子的事。

闺蜜劝她，都分开几年了，赶紧把刺青改了吧，改成她家猫狗，哪怕涂成一个黑框，都别带着了，挡桃花。她摩挲着小臂内侧，因为疤痕体的关系，他的名字像浮雕一样凸出来，颜色从原本的青黑慢慢变得淡下来，像是自己的皮肤又长出来一层盖住了它。"不改，改它干吗。这也是我的一部分啊。"她执拗地摇摇头，她的人生里没有后悔的事，改了就说明她后悔了。她不后悔爱上他，不后悔一辈子带着他的名字生活，不后悔说出分手，说了分手再复合也是一种后悔，她不能打破这个原则。不能输。

分手是她提的，她什么都不怕，唯独"被忽略"可以随时随地掀翻她的小船。她躺在病床上，像雨水打湿的风筝。护士说要观察两个小时，没事就可以走了。留观房是个单间，他不想她受委屈跟别人挤。小腹里像发生过核爆炸。她咬着牙，麻药还没过，很想吐，护士说少数人会有恶心的不良反应，她就是少数人中的一个。被推进手术室之前他也没赶到，他说会议事关公司的生死，一结束立刻赶去医院陪她。可能手术中她死掉的概率远远低于谈判失败公司死掉的概率。她能理解他，那是他的心血，可是，她肚子里是他未成形的孩子。半夜他终于赶来，开车接她回家。车开得很慢很慢，路过每一个减速带都格外小心，颠簸会让她疼得皱眉，他愧疚得想抽自己，可是他想不出更好的办法。很多时候，就是真的没办法吧。

他们在一起五年。分手分了一年。最近的两年才算各自平静。

刚刚分开时他喝醉了就打给她哭，说对不起，有压力，说忽略了她的感受。第二天酒醒再道歉说打扰了。她也尝试着跟其他人约会，吃饭的时候会想这家餐厅和他来过，看电影时会看到他们常去的厅，常坐的座位。别人牵她的手，她总和他的手比；别人亲她，她使劲儿闭住眼睛。为了显示彼此是成熟的大人，他们保有对方的电话和微信。第一年互删了好几次，后来妥协，达成一致，朋友圈敞开，只是不知道有没有被特殊分组。她买了新裙子要自拍，他开了分公司她会去点赞。他生日她每年都会精选礼物，内衣鞋袜不拘一格，管他有没有女朋友，她都按照自己的心思送。她知道他不会拒绝，她坚信她对他而言，是特别的。他妈妈时不时还会打给她，问她好不好，什么时候回家吃饭。她每次挂了电话都会想哭，可是心里有一个特殊装置，一旦要软要回头，就会有铁针从毛孔里刺出来。

时间是世间第一利器。从一个月不联系，到几个月可能都发不上一个微信，他们在同一个时空相安无事。她知道他很好，无病无灾，这就是最好的消息。他也会偶尔翻翻她的朋友圈，看看她最近的模样。放不下，又拾不起。有个女人对他很好，百依百顺，无微不至。他有些动摇，却不知道为何一直下不了决心。新换了一套房子，多了一个阁楼，他装成了一个可以望天看书的秘密空间，因为她以前说过，想要一个离星星很近的房间。

女人问："你爱我吗？"他摸着女人细软的头发，却说不出一个字。

她说过，人一辈子只能用尽全力爱一次。爱完了就完了。再没有第二次。他兴许是用完了那唯一一次机会。

求婚成功，小型晚宴上大家都喝多了。戴着大钻戒的女主人已经不省人事，他和几个哥们儿在露台喝着威士忌。"你求婚告诉那谁了吗？"当年"床上创业三壮士"之一借着酒劲问了大家都好奇的问题。他们知道她是他的疤，是过不了的坎儿。每次喝成傻蛋时他都喊愿意为她去遭所有的罪，死都不怕。他们曾陪着他走过最不堪的一段生活，他们希望他是真的想好了。他笑笑说："她知道。她祝福我。"他望着手臂上她的名字，一阵绞痛。好久没痛过了。从今往后，他有了要尽责呵护的女人，他有了妻子，再不能照顾她了。

花瓶里的白芍药开得很好，两三丛烂漫，十二叶参差。她攥着手机，把朋友圈里关于他求婚的每一张照片都放到最大，看得仔仔细细。那女人头发是长卷的。气球是白色和粉色相间。他们准备了香槟和红酒。钻石是方形切割的。他是笑着的。他眼角还有泪。

她点开他的微信头像，发出：嗯。

他秒回：嗯。

身上背着别人的名字，即便此生努力绕开，再也不见，也早已在宇宙中留下了无法篡改的关联。说"人生无悔"，都是负气的话。人生若真的无悔，该多无趣啊。

爱过，就是得到。谢谢你给我那么多，我那么爱你，你要好好的。

05 答案
ANSWERS

弗里达·卡罗说：欢笑、放弃自我、轻松愉悦，都是力量。

儿子在大夏天发烧了，最初面对这种情况，杨小珊是难以接受的。她小时候身体是棒的，所以坚信儿子也不会差。她常安慰儿子说起自己小时候也会感冒发烧。彼时寒冬腊月一家四口挤在没暖气的50平米的小房子里，蟑螂比人肥，西北的西北风最地道。儿子今年五岁，他对很多关键词没有概念，如"50平米""上呼吸道感染""停薪留职""押一付三"等，但他很会察言观色，妈妈打电话骂人之后要过去抱一抱她，妈妈可能因此会哭，会说好爱他然后网上下单买新的乐高给他；妈妈不说话的时候尽量不哭闹，这时候冰激凌可以任意吃；妈妈笑时要夸妈妈是世界上最好看的女人。

陈笑不懂为什么杨小珊要照顾整个团队的吃喝拉撒，她的专业又不是家政。她是学电影的，毕业作品都得过奖。"陈笑，你查一下明天的航班，导演家里临时有事要提早回去。尽量选宽体大飞机，座位可以平躺的，不要靠窗。另外几个演员也要提前回北京，他们的助理会跟你对接目的地和航班时间，你统一安排一下，组里送机车辆有限。对了，勘景那边儿回复了说之前看的那个小区可以拍，你去谈一下价格和合作细节，切记对外保密。今天晚饭在楼下饭馆订两个包间，你先去把菜点了。"语音一条为什么只能录60秒？陈笑看着手机屏幕上显示的一排绿色长方条，心跳加速。

医生的手在崔丽身体里探视：

"子宫前位，大小正常，附件正常，这是左侧卵巢，这是右侧……

按这里会疼吗？”

"不疼。”

"这里呢？”

"也不疼。”

怎么会不疼？她感觉所有的神经细胞都聚齐在小腹里，医生手到之处都进入高度戒备，稍有按压就极力反抗。

"钝痛是因为年纪大了？还是别的什么原因？可是 B 超结果是 OK 的啊……”，她在心里自问自答。

"39 了，生过孩子了吧？”

"还没有。”

"还没有？！”医生瞪大眼睛，"那你这怎么办啊？必须赶紧要了，已经是高龄了，再往后拖想生也生不了了。”

"嗯。”

"就算是想做试管婴儿，卵子质量也不好了呀。”

"嗯。”

"你老公不着急啊？家里没人催你啊？”

"嗯。”

医生停下笔，盯住崔丽，眼神像教导主任盯住高考模拟考成绩倒数的插班生。医院总是人声鼎沸，"生意兴隆"。儿科最热闹，一个孩子能有三四个大人跟着。分母多由爷爷奶奶、姥姥姥爷、妈妈组成，爸爸们总是很忙。

儿子三岁之前俩月发烧一次，有一次杨小珊独自带孩子去看病，一边掏钱包一边讲电话，撞在了玻璃门上，额头肉眼可见地鼓起一个大血包，那声巨响让车水马龙的挂号大厅突然安静了几秒。晚上儿子吃药睡着了，她肿着脸爬上床跟老公说自己省了整形的钱了。老公从电脑里抬眼看了她一眼，淡淡地说了一句："把你笨的。" 到今天，她的额头都还是像做过自体脂肪填充一样饱满。

晚餐开动，投资方、导演、演员、摄影指导、编剧坐一个屋，服装造型、化妆、道具、制片、助理在另一个屋。陈笑自觉地坐在组里一个化妆师的边上，她俩是老乡，年纪也差不多，还算是能沟通。吃到一半，听到有人喊她："陈笑！过来一下！""来了！""给你介绍一下，这是曾老师，曾老师可是行业前辈，经他指导的戏没有不火的。来，跟曾老师喝一个……我们笑笑是美国海归，很有梦想，曾老师多教教她"。陈笑尬着一张脸，喊服务员拿了一个杯子，倒上红酒："谢谢曾老师。"陈笑一仰脖，干了。她以前从不喝酒，但后来发现酒精能让她放松、变得友好、打破尴尬、松弛神经，她就慢慢接受并依赖了。这种场合，喝一点儿绝对有帮助。"这是李老师，拍谁谁火，你们几个也过来一起敬一下！"几个演员也拿着酒杯站起来，陈笑又跟着干杯了。"感谢林总的认可，您可是咱们的衣食父母啊，我们一定努力做出爆款！来大家一起感谢一下林总！""谢谢林总！""这是……""谢谢……"每次仰头干杯，陈笑都把目光停留在水晶吊灯上，那星星点点的光让她想起读书时和男朋友在迈阿密海滩上看日出时的光，如散落在蓝丝绒上的金箔。"导演，我特别开心能跟您一起工作，也很欣赏您，就有一点小想法，我觉得您应该给演员更多的时间去延续他们的表演，您喊 cut 喊得太早了，这样太亏了。有场戏演员还在角色里爆发呢，情绪还很饱满呢，结果您一喊就断了，多可惜啊……"导演的脸沉了下来，酒精帮助陈笑变成了陈导。"笑笑，你喝多了，来这边喝点水！"化妆师冲过来拉走了陈笑，演员们为打破僵局又一次举杯。

奶茶真的那么好喝吗？崔丽驻足在奶茶店门口，看着排着长队、刷着手机、打打闹闹的年轻人。他们戴着鸭舌帽，穿着露肩膀、仿佛随时要掉下去的大 T 恤，男孩好像也化了妆，女孩自拍时的神情真投入。怎么一下子就 39 了呢？自己也曾是肤白貌美的崔小姐啊，随便擦个口红就被男人追着要电话的崔小姐啊。她站去了队尾，思绪飘回了十几年前。崔小姐品学兼优，一路过关斩将。不服输的个性让她吃了不少苦头，昼夜颠倒、输液加班、全年无休，女人当男人用，甚至比男人更好用。崔小姐变成崔总的时候，已经长了不少白头发，开会时她咳嗽一声，做汇报的工作人员都会吓出冷汗。爸妈催促下，她和从小一起长大的邻居结了婚，对方老实巴交，家庭妇男做得无可挑剔。两家的车、房都是她买的，老人生病住院一切费用都是崔丽交。家里没人催她生孩子，没人敢提。她身边的朋友都是孩子妈妈了，手机里搜索引擎记录着最近几次询问：一孕真的傻三年吗？羊水栓塞为什么会死？生完孩子多久后能上班？……

"您好，您要喝什么？"

"他们都买的什么？"

"都不一样，您要喝哪款？奶茶还是水果茶？"

"那你家招牌是什么？"

"珍珠奶茶可以吗？"

"可以。"

"凉的热的？半糖还是少糖？还是正常做？"

"热的，我都要。我要正常的。"

杨小珊睁开眼的那一瞬间闹钟响了，总能醒在闹钟之前也是一种本领。她眯缝着眼睛坐在马桶上，盘算着早餐给儿子做什么。楼上邻居装修一个月了，要赶在他们的电钻响起之前出门。突然咔嚓一声，一块碎瓷砖从天而降，她下意识用手一挡，没能拦住重力加速度，碎砖划破大腿，应声落地。血汩汩地冒出来，杨小珊抓起毛巾按住，第一个念头是：庆幸砸中的是自己。老公急出一身汗、抱起她去医院，让她想到结婚那一天，也是这样的"公主抱"。缝了六针，三天一换药，卧床休息。儿子很乖，在她床边给她讲故事。老公在厨房做晚饭，麻酱凉面，他最拿手，只是很多年没做过了。晚风自在，暂时失去劳动力的杨小珊竟满心欢喜。

　　酒醒之后的悔意几乎吞噬了陈笑。她一早上都躲着大家，一个鸭舌帽根本藏不住她硕大的身体。覆水难收，要去道歉吗？会不会导演也不记得了？默默让时间冲淡这件事吧。可是并没有说错啊，好的表演是持续的、沉浸的。会不会因此丢了饭碗？海归也不好找工作，海归太多了。或者主动跟导演微信小窗解释一下，正面解决。若干解决方案在脑中排序时被一个声音打破：

　　"陈笑，导演喊你！"
　　"导演？喊我？"
　　"你去 B 组吧，手里其他工作交接给制片组。"

　　陈笑想知道导演的决定是不是在宿醉中做出来的，要不要写下来白纸黑字，免得他反悔。车子开出去很远，陈笑还站在路边，阳光豪迈，像极了迈尔密的天气。

　　会议室里一个人都没有，写字楼像城市中一座又一座岛屿。公司选址时，崔丽看中的是这条街的名字而非地理位置或风水——幸福一街。还有几个人在加班，大家早已习惯了灯火通明的夜。老邹在公司三年了，天天加班，桌上摆着老婆和女儿的照片，唯一能让他笑的就是女儿。Cindy 来公司五年了，单亲妈妈，混血儿子弹得一手好钢琴。于树从创业开始就在崔丽身边，钻石王老五，没空恋爱，时间少，头发更少。如果说最初心无旁骛只为了要赢，那现在，算是赢了吗？人生赢家是财务自由还是身体自由？是功成名就还是家庭美满？是能主宰境遇还是有随遇而安的幸运？

上洗手间的路上，崔丽看到保洁阿姨在楼梯转角处和女儿视频。

"妈妈，你吃得好不好？"
"很好啊，你瘦了啊！不要减肥……"

崔丽也打开手机，发出一条微信："老黄，我今晚回家吃饭，想吃鱼。"

有本书叫《答案之书》，每一页都写着似是而非、放之四海皆准的短语或短句。当心中有疑问，又不知道谁能解答，《答案之书》是个有趣的选项。

杨小珊问：我会不会一直幸福下去？
《答案之书》回答：值得等待。
陈笑问：我到底能不能拍自己的电影？
《答案之书》回答：能。
崔丽问：我能不能当上妈妈？
《答案之书》回答：蓄积力量。

弗里达·卡罗说：欢笑、放弃自我、轻松愉悦，都是力量。

06 当 SAMMY LEE 遇上 JOSEPH LAU
WHEN SAMMY LEE MET JOSEPH LAU ☕

如果有一个公式可以计算爱情失败的概率就好了。考量的因素包括相遇时间、地方、出生时间、地点、家族成员、收入水准、星座、身高、血型、嗜好等等。倘若真的能得出一个计算结果，又有多少人愿意抵抗内心的涌动而去采信呢？干脆双手一摊，大不了就是心碎一场。

"再加一份面条吧，你吃饱了吗？"

"吃饱了，别要了，浪费。"

"要一份吧，咱俩分，我没吃饱。"

"那好吧。"

李小霞汗流浃背，刘海儿渐渐贴在了额头上。她不明白30度的高温为什么还有这么多人要吃火锅。座位是圆形的吧凳，很窄，没地方放包。餐桌也设计成吧台，十几个人共用，每个人面前有一个抽屉大小的空间，供客人放置随身物品。李小霞的电脑在包里还有一堆文件，根本不可能塞得进去，她只好抱在胸前。刘理州吃得很欢，今天点了他最喜欢的肥牛套餐，汗珠撒欢儿流淌，反正下班了，袖子卷起，扣子敞开，收起轮子在锅空飞驰。

"服务员，再加一份面！再给我两包麻酱！"这家火锅店一份面3块钱，底料4块到6块不等，麻酱香油这些免费吃，能吃多少给多少。刘理州追随这家店七八年了，和李小霞谈恋爱后的每个周末都要来这里开个荤，约个会。城市里的人都要过周末的，他们是情侣，得融入这个仪式。

李小霞不太喜欢这家店，她不觉得这是约会该去的地方。客人都在一圈一圈的吧台外埋头苦吃，服务员站在吧台里给客人添汤上菜送调料，这个感觉和老家的猪圈很像。她喜欢安静的、舒适的餐厅，有足够大和软的椅子，没有吵吵闹闹，但是一定要有音乐。有几次老板招待客人的高空餐厅就很好，在80层那么高，整个北京都在脚底下。服务员说话声音软得像锅里蒸过的粽叶，透明大花瓶里倒出来的红酒味道很怪，但是大家都说好喝好喝。老板还问她："Sammy（李小霞），你觉得这酒和上次的哪个好喝？"一桌微醺的人看着李小霞，她的脸有点儿烫："我觉得……上次那个更柔和，今天的……可能需要再多等一会儿。"老板愣了半秒："好！那多醒一会！Sammy的嘴很刁呀，哈哈哈哈哈哈……"大家都跟着笑起来，李小霞有点儿尴尬，这句台词可是从TVB的剧里新学的，难道是被听出了破绽？

"吃完饭我们干吗去？"李小霞不停地擦汗，她好怕妆花了。"你想干吗去？"刘理州顾不上看她，一颗生鸡蛋刚刚打进锅里，他要看准时机，趁蛋花最嫩时捞出来吃。这个问题问住了李小霞，她向来没主意，"强权"就是她的主意。九岁时妈妈说小霞必须去上学了，她说好。奶奶说女孩子上学也没啥大用，她也说好。李小霞小学读了四年，然后直接跟同龄人一波小升初考试，被舅舅走后门送进了县里的初中。李小霞没主意，老师让学啥就学啥，同学们逃学旷课开小差早恋，她可不敢，她听"强权"的话。李小霞因此成绩很好，中考高考成绩优异，高分考进外经贸大学时，妈妈在老家摆了一天一夜的酒席宴请亲朋好友，庆祝品学兼优的李小霞从此开始了闪着金光的一生。

到了北京，李小霞发现人人都闪着金光，她头上那一点点亮，还没萤火虫亮。好在"强权"哪里都有，谨慎跟住就不会错。李小霞顺利读到了大四，毕业前同宿舍的同学拉她去 W 公司面试，她说好。李小霞被 W 公司录用，毕业前就拿到了 offer。妈妈又在老家设宴请客，庆祝李小霞在北京站稳了一只脚。

在北京站稳比想象中难，很多人就是一路单脚跳跃，跳到跳不动，才肯回老家脚踏实地去生活。不试试始终是不甘心的，李小霞的妈妈说让她在北京找个有房有车有户口的嫁掉，这样"两只脚"才能站稳。李小霞说好。

三年前第一次在提案会上看到刘理州时，李小霞把妈妈的话都忘了。刘理州白净的脸和刚毅的寸头自体构成了刚柔平衡，高大的身形被西装包裹，略带山东口音的英文听起来又倔强又认真。"500 强的新媒体负责人就是不一般，三观正能力强，嘤嘤嘤……"身边的同事在窃窃私语，李小霞在十三分钟的报告结束后沦陷。她第一次没有在强权指导下做决定，她决定索要刘理州的联系方式。当然不是面对面搭讪，她可不敢，李小霞在同事中间会自动化为尘埃，但是她的心能在尘埃里开出花来，刘理州给了她阳光。

辗转要到了刘理州的名片，Joseph Lau，连英文名字都透着高知感。她选了一个好日子，选了一间安静的会议室，主动出击。"您好，请问是 Joseph 吗？我是 W 公司 PR 部的 Sammy，Sammy Lee，上次开会时我们见过……"海边长大的刘理州简单且直接，这个在他脑袋里完全没留下任何印象、却打来电话要求进一步沟通的——非直接对接团队的 Sammy Lee，应该是有其他的意图。刘理州有点儿得意，他爽快地答应了李小霞的邀约。

"会议"从咖啡厅的木板凳转移到刘理州在东五环的出租房，大致用了两个月的时间。李小霞的身份角色飞速转化，从同事到同床。李小霞给自己买了一个好看的围裙，偶尔下厨时，她渴望电影里演的那种戏码可以在自己身上发生哪怕一次，比如：刘理州下班回家会从后面挽住她的腰肢，下巴放在她的肩膀上，双手慢慢解开她的围裙……可事实证明刘理州不是李小霞想象中的 Joseph Lau，刘理州脱下西装后喜欢一丝不挂，喜欢在家里抽烟，喜欢大声用青岛话讲电话。一天李小霞和妈妈通电话时，妈妈听到了男人的声音。妈妈说赶紧分手。李小霞没吭气。

北京今年的天气暖得很快，素来冬天和夏天之间就没有什么章回清晰的过渡。刘理州越来越忙，回家时间越来越晚，他的手机半夜也会响，屏幕朝下被放置在床头柜最远的角落。李小霞什么都不问，她害怕。刘理州是她身边的强权，她只希望他偶尔心情好时能揉揉她的头发搂搂她的肩膀，这些身体接触能让她开心很久。她像一只忠诚的小狗，上班仍旧按部就班勤勤恳恳，老板有时会带她出去应酬一下，看中她的朴实听话所带来的异常喜感，能够很好地缓解商务谈判中的一些尴尬。

有一次老板喝得很醉，李小霞被请上了老板的黑色轿车。老板是个儒雅的中年人，说话一向慢条斯理。"Sammy……小霞，我呢是很喜欢你的……就是那种喜欢，不是普通的喜欢。"李小霞瞳孔放大。"我知道你有男朋友，他们也跟我说过一些你的事。我的想法是……你其实可以改变你的生活现状。"李小霞也喝得有点头晕，老板的金丝眼镜框在局促的空间里闪着光。她的脑袋里闪过妈妈的脸，闪过亲戚朋友的脸，闪过出租房里滴答滴答漏水的水管，闪过电视里播放的香港旅游宣传片的片段……闪过刘理州的脸。她像突然嚼了一大口薄荷叶一样，醒了酒。"周总，谢谢您的喜欢，我会继续努力工作的，晚安。"开门，下车。

李小霞破天荒舍得花一百四十多块钱打车回了家，她想赶快告诉刘理州她经历的一切，她想要一朵小红花。拧开家门，刘理州还没回来。阳台上挂着她手洗好的内衣内裤，男款女款迎着晚风浪漫地摩擦摇摆着，一室一厅的房间摆得满满当当但也井井有条，李小霞打量着她住了一年多的"家"，很为自己骄傲。后来刘理州什么时候回来的她也不知道，闹钟响的时候刘理州就睡在自己身边，衣服都没脱，一身酒气。她心疼地看着他，不知道自己还能为他做些什么。

刘理州吃饱了，"我们去看电影吧，你不是一直很想去嘛。""好。"从火锅店走出来，李小霞心花怒放，她一直想看那部爱情电影。刘理州买了情侣座位，他握住李小霞的手，看完了一整部电影。李小霞内心被粉红色的泡泡充满了，这两个小时的甜蜜被她小心翼翼地分装收藏在好几个罐子里，以便在以后的一段时间里，用来填补对被爱的饥渴。"再去喝一杯？""天啊，今天是什么日子！"李小霞被牵着去了一家露天酒吧，月朗星稀，刘理州变身 Joseph Lau，频频举杯，亲吻她的脸颊，款款地说："小霞，我是爱你的。切饵丝……"

闹钟还是响了，大周末的。李小霞跳起来按掉，生怕多响一声会吵醒刘理州。昨晚喝太醉，最后的印象是刘理州端给她一杯叫曼哈顿的酒。

喝的时候她还在想，曼哈顿是她一辈子都去不了的地方吧。头痛欲裂，她扭头想倒杯水，发现刘理州并没有在床上。

刘理州走了，调去了美国工作，Joseph Lau 此刻正在飞机上沉沉地睡着，李小霞却醒了。阳光持续照进来，温度 35 度。李小霞坐在床边，用食指在床单上一遍一遍写着"好"字。

好的。
好的。
好的。

卡波特在《别的声音，别的房间》说到：头脑可以接受劝告，但是心却不能，而爱，因为没学地理，所以不识边界。

如果有一个公式可以计算爱情失败的概率就好了。考量的因素包括相遇时间、地方、出生时间、地点、家族成员、收入水准、星座、身高、血型、嗜好等等。倘若真的能得出一个计算结果，又有多少人愿意抵抗内心的涌动而去采信呢？干脆双手一摊，大不了就是心碎一场。

07 旋转门

ICU

"我怕她死，我不怕提这个字了。住进这里面的人不是生，就是死。"

ICU=I Care U

ICU，intensive care unit（重症监护室）。最后的战场，殊死一搏，奇迹和死亡集中发生。

【故事一】

"护士说他指标一切正常，下一秒那个线就平了……"

包里中午买的煎饼冷透了，像廉价皮革一样难以吞咽。

我每天午休地时都来看他。因为他抵抗力太差，所以探视者不能进屋，只能隔着玻璃看。上周医生说有好转，稳定些了就可以出院回家休养。在医院，患者容易焦虑，ICU 不宜久留。这话说的，谁愿意留在ICU？！我巴不得马上接他回家呢。宝贝外孙女儿要七岁生日了，每天问一遍："姥爷怎么还不回家？"我说姥爷出国玩去了，孩子哭着问："姥爷是不是不喜欢我？为什么不带我去？"哭会传染。老爷子进ICU那么久了我都没掉一滴眼泪，孩子一哭我就绷不住了，去厕所开着花洒哭了一会儿。这个岁数上有老下有小、单位竞争也激烈，谁敢懈怠？老公也忙，更不能影响他，我就每天自己过来看看，虽然什么忙也帮不上了。

从我记事儿起，我爸就叼个烟卷儿，给我吐出一排圆圈，像变魔术一样。我还跟别人家小孩儿吹过牛呢，说我爸一口气能吐 20 个烟圈儿。幸亏那个年代大伙儿都傻乎乎的，没人让我录小视频来证明。他文笔好，老给他们单位领导写发言稿，家属院里有几个宣传黑板报也是他负责。

邻居叫他秀才，我喊他臭爸爸。每次抱我都能闻见熏人的烟味儿：头发上、手指上、毛背心上，他就像一根行走的、燃烧的香烟。

初二那年他被诊断肺癌，还算发现得早。他手术那天我考试，父女之间还是有心灵感应的吧，那一刀下去的时候，我也觉得被刺中一样的疼，出了一层细密的汗。出院之后他开始戒烟。坚持了几个月吧，后来有一天我和同学放学去公园玩，撞见他在一棵树后面疯狂地抽一支烟。他惊了一下，但是并没有熄灭那支烟。我那会儿正青春叛逆，应该是用非常看不起他的眼神瞪了他几秒，就和同学骑车离开了。那天之后，我爸就"复吸"了。

我大学在外地读的，一个月也打不了一两次电话。世界太大了，好不容易甩开爸妈，觉得每天的 24 小时都不够我探索的。毕业实习时认识了我老公，第一次带他回家时，他给我爸买了五条"软中华"。我感觉我爸下一秒就想给我们举办婚礼。人老起来很快的。我怀孕、生孩子、再恢复工作、老公换岗位、老公升职、孩子上幼儿园、孩子学英语……你的生活日程里没什么爹妈的事情，但是你每次回家都觉得他们更老了一些。他开始咳嗽、开始呼吸不畅、开始一夜一夜不能平卧。家里买了氧气机、加湿器、装了新风系统，他也终于戒烟了。

住进 ICU 不意外，他这一辈子没在抽烟的事儿上委屈过自己。我昨天来看的时候，护士给我看他的各项指标，都在好转。今天上午不知道为什么就觉得心口闷闷的，提早半小时从单位出来，在地铁站买了个煎饼就奔医院了。趴在玻璃窗上看他的时候，护士经过我身后说"一切正常，刚看过他"。我看着他灰白色的脸，胡子长出来好多。他慢慢睁开眼睛，望向我。我没眼花，我确认他看了我一眼。下一秒，那眼神黯淡下去，像烛火熄灭，各种机器尖利地叫起来，医生护士冲进去，那条线直了，笔直的一条。

科学没法解释为什么上一秒还好好的，下一秒人就走了。或者，感性地分析，说不定他今天就一直很不舒服了，他一直在等我，等看见我了才肯走。他送我上学时就是这样，我得在教室窗户里朝他挥手，他才肯走。

"爸，咱下辈子还做父女吧"。

【故事二】

"我和她吵架，然后她就甩开我往前走，那个车不知道从哪里冲出来的。只要她能醒过来，我再也不跟她吵架了。"

我伸手抱起她的时候摸到了她的后脑勺凹进去一个拳头那么大，血都不知道是哪里流出来的。幸亏她晕了，要不得多疼啊。我脑子一片空白，什么声音都听不到，她的血顺着我的胳膊淌下来，温的。有几块碎玻璃扎进了她的胳膊，把她那个胎记都给毁了。那个胎记形状特可爱，她刚认识我时说那是小鹿斑比。后来我就管她叫小鹿。

出事儿前我说小鹿你闹他妈什么闹，你能不能懂点儿事？！她使劲儿甩开我，往前跑。那个声儿像是一个巨人打沙包，我看见小鹿飞起来又摔下来，薄薄的一片儿摊在地上。她一直在减肥，喝珍珠奶茶时不敢吃珍珠，都给我吃，第二天上厕所时我以为自己是只羊。

我很快就要求婚了，我现在特别确定这一点，只要她能醒过来。

　　手术进行了七个多小时。我觉得一生都要过完了。小鹿爸爸妈妈坐飞机赶过来时一句话都没有，一直哭。医生说脑组织损伤严重，相当于用铁锤隔着一个塑料碗砸碎了碗里的豆腐。能做的努力都做了，跟电视剧里演的一样，医生说："要看运气和病人的求生意念有多强了。"今天已经是第九天了，老觉得下一秒她就要睁眼。我每天刮胡子换衣服，还去买了戒指，天天都揣在兜里。之前我哥们儿也追她，我们一大堆人去唱歌，小鹿挨着他坐，跟他唱对唱，先加了他的微信。我在暗处默默喝了好多酒，感觉还没开始就输了，心里憋屈。没想到第二天早上收到小鹿的微信："傻子。"

　　那天我想给她剪指甲，摸着她的手，有点陌生。没有被握住，没有任何反应，凉的、有点儿硬。小鹿是学过钢琴的，她妈妈给我看过照片。穿红色背带裙，梳马尾辫儿，像模像样坐在钢琴前，手细长。小鹿要是跟了我哥们儿，是不是现在就不会躺在这里……

　　我跟公司请假了，没法判断请多长时间的假。每次医生护士们一忙乎起来、一堆机器乱叫起来的时候我就很害怕，怕是小鹿出什么事儿。我怕她死，我不怕提这个字了。住进这里面的人不是生，就是死。

　　我不能告诉你我们为什么吵架。她醒了我就道歉、求婚，一辈子爱她、听她的。

　　小鹿，快醒醒。

【故事三】

"你先过去，整理好，我很快就去找你。"

照顾他的这十年显得像二十年。睡着的时候时间过得最快。照顾他是我的最高使命，也是我活着的意义。他走了，我都不知道为了什么而起床。

十年前发现他病的时候，我和孩子们都不太知道这个病的严重，当时就是找了个保姆天天照顾他、看着他。后来有一次他把自己反锁在屋里，怎么敲门怎么哄都不开，保姆给我打电话，我给儿子打电话，一家人在屋外好说歹说就是不开门，最后只能硬把门撞开。门开那一秒，那个味道我一辈子也忘不了，那个臭味儿直接顶到脑门儿。他在屋里地上拉了屎，用筷子蘸着屎在墙上写字，写了一堆看不懂的符号，嘴里还振振有词，说"革命终会胜利，人民万岁"。

住进医院之后开始规范治疗，大夫说错过了最好的治疗时机，药物只能尽量让他的身体衰竭得慢一点。我每天早起收拾收拾就来医院，晚上病房探视时间结束我就"下班"回家，夜里会有护工帮着照看。有一年冬天下了很大的雪，出地铁的时候我在台阶上滑倒了，下巴磕在台阶上流了好多血，手也破了，膝盖疼得站不起来。那一瞬间我脑袋里想的是，如果我就这么完了，他可怎么办。我瞥到给他熬的菜粥摔出去好远，但是好在那个铁罐子很结实，没洒出来。路人扶我坐起来，我缓了会儿，伸伸腿确定没骨折，拿纸巾按住下巴的伤口就往医院走。他还在等我呢，见不着他他肯定要闹的。我一进病房大家都问我怎么了，只有他在轮椅上哈哈笑起来，咧着嘴，口水流下来。他肯定觉得滑稽，这个女的披头散发的，不是叫花子就是傻子吧。我走过去拉着他的手，他喊出一个字："华"。他年轻时就这么喊我。

之前有过几次肺部感染都治好了，这次进了重症监护我也是有心理准备的。过年那天我把饺子包好煮好再打碎成饺子泥，一勺一勺喂给他，跟他说咱们又过了一年，咱们多棒。他吃一勺吐半勺，吞咽也非常缓慢，但那天吃得很好。饺子是三鲜馅儿的，他最爱吃了。大年初二进的ICU，肺里有痰出不去，影响他呼吸。昏迷状态持续了几天，医生跟我商量要不要气管切开。气管切开可能会缓解，也可能继发其他感染。我想了一晚上，决定不切。我趴在他耳朵边上，跟他说我不愿意他挨一刀，他这辈子承受的已经够多了。我摸着他的脸，跟他说对不起，我替他做了这个决定。我让他安心地先过去，好好整理一下，我很快就去找他。他流了一滴眼泪，算是告别吧。

我得回家了，儿媳妇刚生了孙子。伺候完老的又来了个小的。老天爷也是帮我吧，给我安排点儿新任务。关关难过关关过，等我闭眼那天就不累了，我就能去见我老头子了。

良，等我。——华

永念亲恩，今日有缘今日度。
本无地狱，此心能造此心消。

为保护患者和家人隐私，细节已做修改，感谢这份沉甸甸且慷慨的分享。

08 皮囊之下
UNDER THE SKIN

数据显示，男生会更留恋过往的恋情，分手后还和前任保持联络的比例是 39%。尤亦是对旧爱难以释怀吗？旧爱是怎样的女生呢？很漂亮吗？应该比我漂亮很多吧。夏晚晚的自卑感像泡腾片一样翻滚起来。

"人类所有的想法和人类所有的行为，不是出于爱，便是由于怕。人们总是先爱，然后毁灭，然后再去爱。爱诱发怕，怕诱发爱。"

——尼尔唐·纳德·沃尔什

夏晚晚出生在一个夏天的晚上，因为难产，她差点儿见不到这个世界。她妈疼了一天一宿，几度昏厥，最后医生说再不手术大人孩子都有危险。一刀下去，夏晚晚终见天日，响亮的号哭宣告与命运抗争的第一次胜利。夏晚晚因为来晚了而得名，毫无创意。

可能是在妈妈肚子里憋了太久，夏晚晚的鼻子长得很突出。圆鼻头努力向前伸展，如环岛一般占据了全脸最中心的位置，其他五官则存在感极低地散落在四处。六岁时爸妈给她办了一个盛大的生日爬梯，亲戚四邻都来了，绣球婶摸着晚晚的脑袋说："这孩子长得……嗯，以后一定有出息。"夏晚晚对这句话记忆深刻，多年之后她渐渐理解"嗯"意味着什么。

初中时夏晚晚开始暗恋学长。在一堆刚刚发育、自我感觉极其良好的少女中间，夏晚晚人缘很好。她们拉着她去看学长们打球，拉着她去课外活动，也拉着她去送情书。夏晚晚觉得自己也该写一封才算融入，她选了一个高二的眼镜男，战战兢兢写了一封，递出去的同时就被决绝了。"不好意思，我不喜欢丑的。"

直白是一种罪吗？
那丑是吗？

夏晚晚开始低头生活，穿最不起眼的衣服，小声说话。头发尽量遮住脸，看不见没关系，别被看见比较重要。夏晚晚留给学生时代的只是点名时的一声微弱应答，因为在生长发育期只想藏起来，夏晚晚落下轻微的驼背，蜷缩着被传送带运往成人世界。

令她惊喜的是，成人世界几乎可以不必见人。在家做设计赚钱，吃饭叫外卖，买一切东西都有电商。她用修图软件把眼睛从两边往中间拉一拉再放大，鼻子缩几圈，腮部往里推一推，调亮肤色，磨皮去黑眼圈，加一个滤镜，胳膊、腰、腿一键变细拉长，夏晚晚三分钟就成了绝大多数人眼里的美人。对，就是照骗。So what？！很红的几款同城交友 App 她都有账号，她是红人夏晚晚，因为"人美"名也美。每个晚上她都很忙，变换角色变换语气变换"撩"天对象，时而娇嗔时而强势。一排一排头像随意浏览，看着顺眼就可以 say hi，聊着投缘就转去微信继续互动。后宫佳丽三千，夏晚晚有没有最爱？当然有。

"早安。"

"早。"

"在干吗？"

"做手冲，请你喝。"

"什么豆？"

"你喜欢苦一点还是酸一点？"

"苦的。像信用卡还款日当天的苦涩心情。"

"呵呵，好。那用曼特宁。苦到极致时还有巧克力的浓醇。"

"好的。多少钱？"

"用你的 morning kiss 来换吧。"

""

文字是强大的致幻剂。在手机屏幕里，夏晚晚仿佛看到了自己身穿宽大的白色衬衫，睡眼惺忪地坐在开放式厨房的餐桌边，一个斯文优雅的男人正在为她泡制一杯专属的手冲咖啡。而她只需要静静地看着男人优雅地操作各式器皿，待咖啡做好，一个温存的吻即可唤醒味蕾。这经典影视剧作品中被用烂了的桥段仍然是击中她的。夏晚晚下意识地舔舔嘴唇。

这个男人微信名字叫尤亦。

尤亦说他在茂名南路一家很小的咖啡馆打工，90 后，天蝎座。微信头像是一个戴棒球帽的少年的背影，阳光撒了一地，三个月前，夏晚晚开始逐步沦陷在这个背影里。加了微信后她立即去翻尤亦的朋友圈，她迫切想要知道他的脸、他的日常。令她失望的是尤亦的朋友圈里并没有他自己的照片，都是一些咖啡豆品鉴的知识帖和一些风景。他的个性签名写着：眼睛为她下着雨，心却为她打着伞。

　　这是泰戈尔对于爱情的描述。夏晚晚进一步沦陷，且有些小小的醋意，那个"她"是谁呢？数据显示，男生会更留恋过往的恋情，分手后还和前任保持联络的比例是 39%。尤亦是对旧爱难以释怀吗？旧爱是怎样的女生呢？很漂亮吗？应该比我漂亮很多吧。夏晚晚的自卑感像泡腾片一样翻滚起来。

　　尤亦工作时间很固定，每天午休和晚上下班后，能和夏晚晚聊很久。有很多个夜晚，夏晚晚抱着手机，一条一条回复着尤亦的微信，虽然已经困得不行，但还是苦苦坚持，想要多陪他一会儿。被手机砸到脸，也是常有的事。

　　"我刚刚睡着了，又被手机砸醒了。脸都扁了。"
　　"哈哈哈，真的啊。鼻子没事吧。那你赶快睡吧。"
　　"那你呢？"
　　"我还不困，想再看一部电影。"
　　"看什么？"
　　"还没决定，在《曼哈顿》和《华尔街之狼》里选一部吧。"
　　"哦，老电影。你都不追剧的吗？"
　　"嗯，不追。不想被牵着走。"
　　"好吧，那我先睡了。你不要熬太晚喔。晚安。"
　　"晚安，小公主。"

　　夏晚晚的枕边升起数不清的粉红色气泡。她不止一次在梦里挽起了尤亦的手臂，阳光下一对相互依偎的背影，不知道他们要走去哪里，目的地显然一点都不重要。

最近一段尤亦准备考高级咖啡师资格证，考试不仅考核实际操作，还有闭卷理论知识考试，很是严格。尤亦每天下班都要做很多功课，在微信上的时间也少了一些。

"你在忙吗，这么忙就别回了，我想你了……"
"嗯，再忙也要注意休息，劳逸结合喔……"
"哎，怎么办，你在哪儿呢，怎么不说话……"

一个晚上夏晚晚大部分时间在演独角戏，一边强迫自己完成已经拖欠很久的设计稿，一边每隔几十秒就要检查一下手机，看看尤亦有没有回复她的微信。经常是一两个小时之后才能收到尤亦简单的回复，有时连互道晚安的环节都被忘了。夏晚晚这三个月里已经越来越无法和其他人聊天，她的心里总是惦记着尤亦，她想偷偷去看看他，哪怕一眼，哪怕不能交谈，也是一种慰藉。

她站在镜子前，镜子毫不避讳地呈现出她的宽脸、小眼睛和异常突出的大鼻头。干瘪的嘴唇被涂上了新款的南瓜色唇膏，变成水分丢失严重的两片南瓜。她已经许久没有打扮过自己，今天特意穿了网上新买的裙子，淡蓝色。她戴好口罩和帽子，决定去咖啡馆看他一眼，看看那棒球帽的正面是什么样的美少年。夏晚晚站在咖啡馆门口时心脏都要跳出来了。店里人不少，黄色灯光，木制的操作台和桌椅。咖啡机后面有好几个男孩女孩在忙活着，夏晚晚推门进去坐在很远处的桌子上假装等人。

"在上班么？想你。今天也要加油喔。"

夏晚晚发出了一条微信。她眼睛紧紧盯住操作台后面的几个人，谁下一秒看了手机，谁就是尤亦了。三分钟后，夏晚晚手机响了，一个高个子男孩在看手机！男孩低着头，两只手握着手机，手指骨感纤长。"尤亦！三号桌的拿铁！你帮忙送一下！""好！"男孩抬头的那一瞬，夏晚晚要哭了，瘦削的脸，雕刻过的鼻梁，单眼皮，好看的嘴巴。夏晚晚落荒而逃。

公交车穿梭在下班高峰，夏晚晚坐了一圈又一圈。每一站都有人上车下车，面孔形形色色，夏晚晚躲在口罩里探索绝望。她是真的想挽起尤亦的手臂，可是他可能接受她吗？网上说95%的直男都爱美女。无论灵魂多么接近、兴趣多么相投，没有一张精致的面孔，其他的一切都是无谓的。尤亦会喊她小公主是因为她的头像就是小公主的模样啊，可那根本就是骗局。她是幕后操手，骗人骗己。

公交车经过一个巨大的广告牌——你的命运因勇于改变而改变。一张尤物的脸陪衬在旁边，这是一家新开的整形医院的广告。夏晚晚看着那张发光的脸，眼里闪过一丝光亮。

"尤亦，我要出国几个月。你先专心考试，考完我也差不多回国。"
"你要去干吗？"
"一个短期培训，很快的。我也会想你的……回来我们见面吧。"
"好吧，你自己多保重，小公主。"

有的是局麻，夏晚晚能听到器械碰撞的声音，感受到皮肉的牵扯，闻到蛋白质烤焦的味道。有的是全麻，呼吸机带上，麻药推好，进入另一个空间，再次醒来时身体插满管子，头被弹力绷带缠成木乃伊。后反劲儿的疼痛让她整宿整宿不能睡，但是她知道，相比于从前的痛苦，此刻的痛苦是有尽头的。她做主毁了丑陋的夏晚晚，创造了一个真的小公主，不破不立。因为下颌骨和牙齿手术会影响咀嚼，她喝了一个多月的汤汤水水，整个人也瘦下来。出院时前台激动地握着她的手说："夏小姐，你简直是变成了另一个人啊，以后不要忘了我们啊！"医生护士都争先和夏晚晚合影，夏晚晚还是有些轻微低血糖，身体有些虚弱，但她内心充满从未有过的欢欣。

"尤亦，我刚刚飞机落地。我们见面吧。我去你的咖啡馆找你吧。"
"你终于回来了，太好了。我等你。"

天气彻底热起来，街上的姑娘们都尽情解放着肢体。夏晚晚生平第一次穿上牛仔短裤，上面配一件简单的白色衬衫。头发也长长了，披散在肩上。她要去挽尤亦的手臂了，她等这一刻像是等了一个世纪。第一次面对面，尤亦会对她说什么？会喜欢眼前的她吗？他已经考取了高级咖啡师资格，刚好今晚给他庆祝……想着想着，咖啡馆就在眼前。夏晚晚整理了一下衣服领口，学着网上示范的那样往边上扯了扯，露出了黑色的内衣肩带和锁骨。

"您好，我找一下尤亦。"

男孩愣住了，她是谁？筷子宽的双眼皮，高挺的鼻梁，有点儿内陷的鼻翼，尖尖的下巴，嘟起来很不自然的厚嘴唇。一张脸上看到了至少五个人的影子。

"尤亦，是我啊，我是夏晚晚……小公主。"

那次见面之后，尤亦删除了夏晚晚的微信。最后的告别词如下："晚晚，很高兴认识了你。我承认我喜欢了你，但我不喜欢虚假的东西。仍旧欣赏你的善解人意和聪慧，愿你找到真爱。"

勇于改变真的能改变命运吗？骗子。

夏晚晚不敢大哭，医生叮嘱她内眼角的伤口愈合需要时间，尽量不要刺激。手术花光了所有积蓄，她必须振作重新来过。一个月后，夏晚晚找了一份在设计公司上班的工作。公司很远，每天在地铁上要消耗一个小时的时间。她慢慢习惯于镜子里现在的样子，虽然是假的，但是时间会让她忘记曾经的"真"是什么模样。老实讲，她也不想记得。心灵的伤和身体的伤一样，一定会愈合。在摇摇晃晃的车厢里，夏晚晚又一次打开了社交软件，"附近的人"就有四个在线。

美是无止境的追求。女子大美为心净，中美为修寂，小美为体貌。有趣的灵魂和丰富的大脑才是长久的保险。

09 石佛营
SHI FO YING

来试镜准备了一周，逃跑只需三秒；人出生要准备十个月，而死亡有时还不到一分钟。

"北京市气象台发布今年夏天首个高温黄色预警信号，预计 22 日至 25 日北京大部分地区日最高气温将达 35°C 以上，局部地区可达 37°C 以上，温馨提示广大市民注意防暑降温……"

　　租的房子里没有电视，李双双爱用电脑看午间新闻，把播音员的声音当成午饭的 BGM（背景音乐），这样房间里似乎有了活物陪伴，才吃得踏实、吃得香。这可能是从家里带来的"毛病"，她们一家三口吃饭的时候就没人说话，都是电视里在叽里呱啦。来北京两年了，只有春节回家。并不是每天都有事儿做的，只是每天都盼着之前种下的某一颗种子能发芽。老家厂区家属院里就她一个孩子来了北京，她和楼上、楼下、隔壁楼里的男孩女孩们一样，在等待着转机，如同刺破漫长雨季的一束阳光。这片小区开盘的时候打的概念就是"青春社区——献给有梦的年轻人"，楼间距很近，楼层高、密度大，都是精致的小户型。很多人买来投资或者专门出租，小区里确实住进来了不少"有梦的年轻人"。

今天中午李双双点了油泼面，外卖给力，送来的时候还很热。热油淋过的辣椒粉裹着蒜蓉和粗犷的面条搅拌在一起，妈妈做的辣子还剩一点，加进去，香味立马又上了一个台阶。头发爱出油，两天就变天然油头，索性买个卡通发箍，束起来就看不出没洗头。厨房和客厅的窗户都开着，风流通起来，还算凉快。李双双去厕所翻了一副胸贴，穿内衣太热了，不穿的话直播的时候又担心走光。硅胶胸贴还是比较划算，可以用好几次。涂个唇膏，显得气色好一点，直播软件的美颜开大一点，滤镜调好，手机架好、角度微微下扣，完美。前辈跟她说要会唱歌、会跳舞、会聊天才能有人打赏送礼物，李双双很内向，不怎么爱说话也不太会说话，所以一度她找不到自己在"直播界"的人设。

　　那家公司签了几百个俊男靓女，要感谢好姐妹的推荐她才得以获得一席之地，她得努力"憋出"自己的路来。有一次她和朋友在楼下吃夜宵，喝了一瓶啤酒，借着酒劲儿她打开了直播，吃了两串大腰子，又吃了一份脑花，还干掉了一盆麻小。那天的直播居然空前成功。她发现她不用说话，认真吃就行了。输入标题："午饭和我一起吃油泼面"，设置封面开始直播。在线观看的人很快突破了 1000，数字还在不断上涨。

　　有人留言说："等到你了，我不用一个人吃饭了。"脑补这个画面，成千上万个独自吃饭的人，默默打开直播软件，把手机放平在桌上，和李双双一起"共进午餐"。咀嚼声、呼吸声、咳嗽声、被辣到擤鼻涕的声音都毫不失真地播出去。李双双时不时抬头看一眼画面，看到自己还是觉得有些羞涩。她长得不算好看，眼睛不大但是看起来很清澈，脸圆圆的，遗传了妈妈的好皮肤。"慢点儿吃""谢谢你们""有点辣"是她今天的"台词"，这个认真吃饭的内向姑娘慢慢积累着她的"客群"和"赏金"。

微信响了，好姐妹提醒她下午的试镜不要迟到。一个饮料的广告需要十五个群演，七男八女，竞争激烈。李双双为此已经四天没吃晚饭了。试镜都不让化浓妆，她反正也不太会画。白 T 恤配牛仔裤，头发很油刚好梳得很光，整个脸诚实且毫无遮挡地露出来。镜子前李双双想到那些走在红毯上的女明星都是头发梳得光光的、嘴唇涂得红红的。这个非分的比较使她又脸红了，怎么敢想的呢。

不堵车，四十分钟到了试镜的影棚。男孩女孩个个出挑，李双双还没上场，在心里已经节节败退。她没有露腿、没有露肩、没有大波浪、没有高跟鞋、没有相熟的工作人员，没有人跟她说话。她感到腋下潮湿、嘴唇不受控地发抖。摄影师很温和地提醒她放松，她使劲点着头却眼看着自己的手脚愈演愈僵。有个女孩拿起手机偷拍她的窘迫，她很敏感地发现了，但她并不能替自己大喊一声"你不要拍"，而只是用手假装整理头发实则挡了一下脸。

"下一个！"她连忙鞠躬后落荒而逃。来试镜准备了一周，逃跑只需三秒；人出生要准备十个月，而死亡有时还不到一分钟。去年爷爷去世时李双双也不在家，她在另一个广告里跑着龙套。看到爸爸微信时想哭也不能哭，因为她要表演被一辆车溅起的水花迷醉的路人乙。车子开过一遍又一遍，水花溅起一次又一次。她有时太过惊讶、有时不够惊讶、有时惊讶中笑意不够、有时惊讶中显出了惊吓。衣服湿了就用吹风机吹干，脸上的粉盖了一层又一层。有几次李双双自己都搞不清，脸上的水是溅起来的水，还是眼泪。无论是啥，外公肯定是看不到这条广告了。

进屋已经快晚上七点了。解开牛仔裤纽扣、拉开拉链、内衣扣也解开，摊在沙发上，感受皮肉的归位和放松。打开手机外卖软件，还是想吃面。

打开朋友圈，看到之前一起拍广告的丽丽回了老家，结婚生子，朋友圈里总是刷到她晒儿子的图片和视频，李双双习惯性点赞。一次在网上看到个心理学讲座提到"讨好型人格"，李双双收藏了那个视频，感受到共鸣和被解答的畅快。刚子去深圳了，在一家酒店当前台，好像过得也不错；李虎发了定位在上海的自拍，估计又谈了新的女朋友；多多在老家开了美甲店，办卡的广告一会儿帮她转发一下；穗穗的猫长得真是可爱，我要不要也养一只……

门铃响了，外卖到了。李双双换上了水蓝色波点的家居服，输入当日标题：晚饭和我一起吃臊子面，设置封面，开始直播。

10 老人院里有个游乐园
A WONDER PARK IN THE NURSING HOME

既然大家的电影结尾都一样，就让我们尽可能发挥编剧才能，创作出不同的花样吧。
在有限的时长里，爱时用力爱。

阿姨坐在轮椅上，轮椅显得似乎有点小了，阿姨年轻时是篮球队员。叔叔站在边上，树上的叶子很给树长脸，风吹起来时，好看的斑点就像花瓣儿一样洒在两人脸上。摄像机架在对面，两人都有点紧张。叔叔喜欢阿姨的飒爽，阿姨依赖叔叔的细腻。糖尿病并发症让阿姨失去了一条腿，叔叔年纪也大了，无法照顾残疾的妻子上下楼，于是两人一起搬进了养老院，在这里继续老两口的日子。

　　导演问叔叔能不能亲一下阿姨的脸颊，想要拍个镜头。阿姨一下子脸红了，说几十年没亲过了呀。导演又求了半天，太阳大了起来，摄像的衣服都湿透了，鸣虫也开始聒噪，气氛有点尴尬。叔叔阿姨估计是心疼这群烈日下的孩子们，于是叔叔匆匆地在阿姨脸颊上"啄"了一下，在大家不由自主发出的欢呼声里，两人脸上也都红红的。

后来还拍了一些常规的空镜：叔叔推着阿姨的轮椅散步，阿姨摩挲着叔叔的手背，叔叔阿姨一起抬头看天、低头看花，叔叔阿姨相视一笑……拍完这些导演送叔叔阿姨回房间休息，阿姨说请我们给她刻一个光盘留纪念，我们满口答应。后来拍的那条宣传片因为种种原因没能播出，光盘也没有刻。阿姨在那次拍摄过后没多久就并发症再次发作，去世了。

当时采访时的照片素材我们都保留着，等时机合适的时候会给叔叔的，彼时希望它是一份美好的纪念而不是令他又一次伤心的负面刺激。

当季节更替，树上的叶子会黄会掉，可春天来时又是一片新绿。而人的头发一旦白了，就很难再变回黑色。在老人院做志愿者的五年里，逢年过节都会去陪爷爷奶奶散散步，组织一下联欢会。与老人在一起有一种莫名的安全感，坐在他们身边，感受千帆过尽，那是一种更接近生命本质的安详。他们已经看完了人生这条路上大部分的风景，他们或是很爱讲故事，或是很安静。他们看着你走在他们曾经走过的路段，路上有他们精心陈设的"CAUTION"标志，提示着后来者不要犯同样的错；他们看着你蓄着差不多的胡须、梳着差不多的辫子，看着你活力四射、躯壳里包裹着热气腾腾的情绪；他们的眼睛有些浑浊，但那可能是一片巨幕，在看着你的时候，他们的芳华大戏正在脑海里重映。

有一年联欢会结束，一个年轻女孩走过来说希望我去跟她奶奶合影。因为中风后遗症的关系，奶奶整个身体动不了且不受控制，只好用束缚带固定在轮椅上。奶奶很瘦，歪着头，口水不断流出来。那一天护工特地给奶奶穿了红毛衣、短发梳得很整齐。我走到奶奶身边蹲下来，握住她的手，奶奶握力还在，紧紧握住我，眼睛里涌动着千言万语，但是嘴巴只能轻微的抽动，口水滴下来，滴在我的手背上，温热的。女孩说奶奶以前是北外的教授、翻译家，一辈子钻研语言学，知书达理才貌双全。女孩很孝顺，说起奶奶来很骄傲。尽管曾经的翻译家如今一句话也说不出，老天有时很讽刺也很残忍。

拍照时女孩和我一左一右蹲在奶奶的轮椅边上，奶奶一直盯着我，没有看镜头。拍完照要送奶奶回房间休息了，护工过来推轮椅，奶奶还是不肯撒手，紧紧地握住我的手，护工怎么用力去拉开，奶奶还是紧紧握住。枯瘦的手指僵硬地并拢，和手掌形成一个夹子，夹住，奶奶用尽所有力气，对抗着一场非亲非故的分离。那一刻我很想哭，我被击中了。我想到了我的姥姥，她在离开之前如果有机会和我告别，应该也是这样的场面吧。神志不在、记忆不在都没关系，不要放开我的手，不要分开啊。不要。

开始就意味着倒数的只有人的生命吧。从降生那一刻，尽头就在滴滴答答地迎面走来。小时候迷恋游乐园：秋千、碰碰车、旋转木马、云霄飞车……晨起到日落时间飞快，常常以父母精疲力竭而暴躁收场。肉眼可见的首尾呼应是老了之后也是要去公园的：健身器械、健步走、甩手操、集体舞。我还不能完全体会到老去时的心境，但被更年轻的人围绕时，我能在他们身上看到自己年轻时的折射。多年之后回看现在，也只不过是自己主演的一部电影中的一个章节。既然大家的电影结尾都一样，就让我们尽可能发挥编剧才能，创作出不同的花样吧。在有限的时长里，爱时用力爱。

1. 曼哈顿小意大利区的地标摩天轮，装饰品的意义大过游
   乐设施的定义，空转也不耽误热络。

1.

11 笨笨的爱

LOVE WITHOUT WORDS

夫天地者，万物之逆旅也；光阴者，百代之过客也。而浮生若梦，为欢几何？

去朋友家做客，玩到很晚却还意犹未尽。到了朋友哄小朋友上床睡觉的时间，客厅里剩我自己，孩子入睡据推断大概需要 20 分钟，时间开始变得漫长。环顾四周，有孩子的家庭布置和没孩子的最大区别是实用主义压过了所有浪漫主义，目之所及的地方都是孩子的东西，玩具、餐具、自行车、绘本、吃剩下的半个橘子……男女主人的空间被挤压成渣渣，以前的兴趣爱好都妥协于孩子的作息，而他们乐在其中，痛并快乐。正愁着如何打发时间，在沙发里找到一本摊开的书，沈复的《浮生六记》。

　　阅读是很私人的事，看一个人的书架等同于翻人家的衣柜。一个清朝文人的自传不在我的阅读喜好里，能够读到几个篇章亦是缘分。以前总说"浮生若梦"，也不知道是源引自哪里，书名既然叫《浮生六记》，自然会讲到"浮生"两个字是出自李白的诗：夫天地者，万物之逆旅也；光阴者，百代之过客也。而浮生若梦，为欢几何？

天地万物不过是众生的旅社，古往今来，你我都是过客。而如梦的人生，能有多少欢乐？古人的思考犀利透彻，李白要是活在今天也一定是大V网红以及"10万＋大号"写手。文言文上学的时候就没怎么学扎实，好在眼前的这本是译成白话文的，布衣蔬食的生活琐记像电视剧一样跃然纸上。

时间很短，只读了十几页，就被简单的情节和平实地讲述给感动到了。书一开始就不是心怀天下或者江山社稷的宏大，而是从夫妻的闺房之乐讲起，在我看来是个很勇敢的突破。作为一枚清朝的文艺小青年，沈复对于定过娃娃亲以及娃娃亲对象过早夭折都是一笔带过，正因为"前任"过世，他才得以在串亲戚的时候发现一见钟情的陈芸。陈芸很聪明，《琵琶行》念几遍就能背下来，平日学习针线活儿之余也读书认字，对文学也喜欢，所以深得文艺青年的心。陈芸沈复是姐弟恋，女孩儿本来就早熟，真要呵护起心仪的对象来，那是无微不至的。很多男人都是恋母的，对于懂得关爱自己的女人更容易倾心。情窦初开的陈芸偏心，把热粥藏起来只给沈复喝；洞房花烛前也能和夫君切磋《西厢记》；结婚之后每天坚持比所有人都早起煮饭，怕公婆嫌弃自己懒惰……暖胃又暖心的姑娘谁不爱。夫妻之间共同语言多么重要，"相看两不厌"是有条件的。

读到的这十几页里有个小情节写得真好。成婚那天，沈复摩挲着陈芸的手腕，觉得单薄可怜，怯生生的娇妻削瘦得一如往昔。沈复问她原因，陈芸说可能是因为这几年时间自己都在吃素吧。几年来不吃肉又心思细腻，处处替人着想的芸，低头垂目。沈复心生怜爱，在心里推算了一下芸吃素的开始，那一年恰好他出水痘。水痘这可怕的病在当时一定是令人恐慌的，芸吃素竟是为了给自己祈福，且一坚持就是数年。沈复想到这里，心里涟漪四起，对芸说："你看我现在皮肤这么好，水痘也没把我怎么样，姐姐可以开戒了。"那之后陈芸才恢复了正常的饮食。

傻姑娘。自己默默吃斋念佛祈福，万一人家不知道呢？这样的煞费苦心，万一最后没有结果呢？委屈自己不是一天两天而是一年两年，这么有风险地去爱一个人，完全不考虑"投入产出比"，真是傻得可爱。那个年代没有微信，不能发朋友圈秀个素餐宣告天下我为你而吃素了，但是却能默默地把另一个人的好与不好装在心里，忧他之忧，喜他之喜，朴素且伟大。

沈复后来外出求学的三个月里，陈芸守在家里，书信一直没断，但是怕惹他分心，在信里也没有什么缠绵悱恻的思念，都是告知家中一切安好和"在外多保重"一类的不痛不痒的话。沈复后来突然返家，看到陈芸的那一刻，两个人四目相对，感觉除了彼此之外的周遭都变成了虚化的背景，"握手未通片语，而两人魂魄恍恍然化烟成雾"。

古代和今天很多事不能相提并论，但时间计量是没变过的。一天 24 小时，一年四季更迭，我们和沈复陈芸看到的竟是同一个日月。 木心写《从前慢》时的"慢"对照今时今日的"快"：从前的日色变得慢是因为大家有时间驻足留意到天色转变；车马邮件都慢是因为没有飞机高铁；从前一生只够爱一个人……如今可能因为寿命变长了所以可以多爱几个了吧。但只要还肯开窍去爱，肯被爱情蒙蔽双眼，剥夺智商，驯化成笨蛋，就说明还没被数字信息时代的车轮碾压到麻木不仁。

陈芸被林语堂先生誉为"中国文学上一个最可爱的女人"。看来要买书来读完，认真钻研一下笨拙而痴情的爱的艺术。

12 不必正常

NO NEED TO BE NORMAL

什么时候都来得及活成自己的样子。不要放弃啊。在闭眼之前都还有机会翻牌的。大写加粗，要快乐，不用很正常。

我是个怪人。我丝毫不避讳这件事，甚至以自己的奇怪而感到骄傲，它让我不至于落入世俗的许多圈套，也让我时常有沾沾自喜的资本。

承认并喜欢自己不太正常是需要时间的。在年轻的时候，"怪"就是不合群、不进取、不符合大多数人的成长规律，是被认定很难有闪着光的"未来"的。而坚持古怪了很多年之后，获得了世俗部分认可之后，这"不正常"便成了"不走寻常路"。

之前看了 Papi 酱的一条视频，题目是"关于什么时刻你觉得自己不再年轻了"。我发现了许多共鸣的点，也意识到，约定俗成的许多事，在我们从孩子变成大人的过程中，已经潜移默化地写进 DNA，于是我们那一代（80 后）的人有诸多相似之处。

例如：我们从小就要适应表演才艺的环境，要在叔叔阿姨聚会和逢年过节的席间说唱就唱，能歌善舞会背英文儿歌；我们要听爸爸妈妈的话，不听话就是不孝顺（成人后才会因为父母希望我们结婚生子所以通通照办）；我们上学时和异性玩得好就是早恋，女生和男生属于对立物种（后遗症是长大了不会谈以及谈不到恋爱）；大学之前除了学习之外，其他的任何行为都是浪费时间，任何教辅材料之外的书都是课外书（外国友人看到高三学生高考后焚烧撕毁课本的新闻图片时眼睛瞪得像铜铃）；大学生活基本都逃离父母管教，真正意义上的叛逆大多自此开始（大一开始拼命吃喝恋爱、昼夜颠倒透支生命）。

所幸的是我一路住校，和父母真的共处一个屋檐下的日子并不算多，所以才有机会野蛮生长成一朵奇葩吧。

刚参加工作时应聘新闻主播，大家都是西装衬衫，我穿了一件 fake print 的紧身裙，纯棉布料上是印上去的假领子假扣子假口袋。彼时是 2007 年，摄像老师看到我时的表情，我至今还记得。妆是自己化的，头发是披在肩上的，姿态是异常自信的，落选也是必然的。事后我还跑去问领导我哪里不合格，一般人可能就去默默反思了吧，我却想当面听到哪里不对，正面"交锋"不可怕，胡思乱想才可怕。

在人际关系上我也是非常任性的。曾经有一个非常严厉的男领导对我"恨铁不成钢"，常常批评我，我在心里也是很幼稚且记仇的。有一次早上上班在电梯门口偶遇他，两人面面相觑，我憋了半天说了一句："领导您穿紫色真不好看。"彼时男领导气得脸色比他身上穿的紫色衬衫还紫。前段日子，在与当年的领导和同事一起聚会时，大家大谈我当年的怪诞故事，席间笑到岔气，纷纷惊叹如我一般的怪人"生命力"之顽强。

顽强归顽强，不易也是非常不易的。

曾经一度觉得在北京没有什么发展的时候，央视的一个机会找来，只需要参加一个进台考试就可以去中央台了。结果考试的那天早上，我还是放弃了。闹钟响了坐起来，想了想，还是觉得哪里不妥，就干脆躺下继续睡了。后来因为这个事把介绍人也给得罪了，在这里补上一句抱歉。放弃了央视之后事业也没啥起色的时候，别人介绍家境殷实的男朋友给我，我也都婉言谢绝了，见都没见过。

在娱乐至上的年代，我去做了"老人节目"，一做就是十年。在32岁时，嫁给了偶然吃饭时认识的、比自己小两岁的餐馆儿小老板，至今仍激烈磨合、相爱相杀。不从心就会觉得不妥，他人的经验或是大多数人的规劝和规律都没办法左右我的决定。即便是被非议被否定被质疑被疏离，都不能促使我按照他人的希望和意愿去生活。跌跌撞撞的事情不胜枚举，犯的错、吃的苦像令人上瘾的奶盖茶里的珍珠和蒟蒻，是独特风味必不可少的辅料。

最近读的北野武的书里也写满了他的不寻常（可以去看《无聊的人生我死也不要》《菊次郎与佐纪》）。油漆工的儿子去做喜剧演员，叛逆得一塌糊涂，放弃学业和妈妈对立，误打误撞"任性妄为"，一直爱女人、爱创作，过着不按照常理出牌的、绝不无聊的一生。鲁迅先生问过"从来如此，便对吗？"，那时是为针砭实事，而这一问，在今时今日亦适用于迷惘时。刚刚买了一本珍妮特·温特森的书，封面写着"生命不只是一支从子宫飞往坟墓的时间之箭。照自己的意愿活得头破血流也好过听从别人的安排、虚张声势地过浅薄的生活。"等我读完这本书再另写书评吧。书名是《我要快乐，不必正常》。

什么时候都来得及活成自己的样子。不要放弃啊。在闭眼之前都还有机会翻牌的。大写加粗，要快乐，不用很正常。

1.

1.便利店的选择困难症患者。

13 不出门纪录保持者
INDOOR-RECORD HOLDER

独处的人不需要观众，不需要呼应不需要反馈。他们只想安静，即使这安静是空无一物的。

不工作的时候我很不爱出门。我可以连续几天除了开门迎接外卖和快递之外，完全在室内活动。当然，偌大的城市比我宅的大有人在，很多 freelancer 都有资格参加吉尼斯不出门纪录挑战赛。为什么要出门？再也没有比家更舒服的地方了。

不用早起的时候就中午前后起来，在太阳最足的时候站在阳台上，打开窗户呼吸一下人间新鲜的空气，给猫草浇点水，给自己弄一杯咖啡。有兴致的时候会左手冲咖啡。我买了很专业的打粉机，朋友送的优质咖啡豆存货充足，手冲壶和杯子来自意大利和日本。选豆、打粉、烧水、滴滤、品尝。仪式感给最后的口感加了分。懒的时候就喝胶囊咖啡，最爱的口味是 Kazzar，最强烈也最香醇。如果是想随便喝喝，利用一下咖啡润肠通便道的功能，就用最普通的咖啡机做最普通的美式，咖啡少一点，水多一点，喝一大杯也不会心慌。我的咖啡都是不加糖不加奶的，所以配咖啡的曲奇饼或者面包可以稍微甜一点。

　　听听广播或者看看国家地理悠人频道，一两个小时飞快过去。精力充沛高效的时间也就三四个小时吧，通常都在咖啡之后。看书或者电影或者写写东西，一两个小时又过去了。在家里需要极大的毅力才能专心，诱惑太多又太自由，无论是看书还是写字都慢得很。后来多亏在伦敦一个书店买的读书计时器，原理和厨房用的计时器一样，设定时间，到点儿就叫唤。计时器很精巧，设计成一本小书的样子，可以别在书上、笔记本上。网上看了一个提高效率的方法，是将一个小时分成三到四个单元（15-20分钟一个单元），每个单元完成一个小任务，任务完成简单总结再进入下一个单元（用笔写比用电脑更能增强记忆）。去年年底脑袋一热想考雅思的时候，就用这个方法啃了一本考试指南。学习令人平静、心无旁骛，沉浸在没有参透的道理和知识里令人安全。那是一种仍保有热情，没有在成年人的舒适区里失去好奇的欣慰，也可能是因为曾经必须"好好学习"的时候我们都还是孩子，书本和文具给人以重返青春的错觉。

　　发呆也是一项活动。日本有一个发呆比赛，是专门评选发呆时间最长和最专注的奖项。发呆是思维信马由缰的伸展运动，是身心真正的放松。这是一种非常珍贵的感受，手机放在另一个房间静音充电，从社交中强制隔离。可能与职业有关，工作时身边几十人到几百人不等，微信里"好友"人数上千的情况很正常吧（你微信里有多少个联系人？）。这些和我们有着各种深浅不一交集的人如果都站在一个空旷的操场上，场面一定很震撼。

　　我顺着电脑显示屏上沿望出去，一片低矮的别墅没有挡住板楼高层的视线是多么幸运。偶尔可以看到别墅里的富人在自家天台上喝红酒看报纸，有时也能看到保洁阿姨在不常住人的客厅里摆上一盆水来防止高级地板因为干燥而皲裂。我忍不住通过窗帘式样去推测家里住了什么人，通过灯光颜色判断主人的性格和年纪。

再往远处看，跨过这一片别墅是一片没能被拆走的"棚户区"，藏在雍容的楼宇之间，凹在里面形成自己的生态，傍晚时听得见犬吠，看得见炊烟。

我很小的时候，姥姥家就是绕过一棵大树后面一条小路走进去的一片小屋子中的一间。邻居们好像都住在彼此家里，没有谁家和谁家之间明显的界限，因为拥挤和破旧形成了温暖的"你中有我，我中有你"，谁和谁都是一墙或者半墙之隔。姥姥家后院养鸡，鸡粪味混着矮篱笆后面另外一家的白菜豆腐汤味道，成为一个重要的线索，引领着我的思绪回到小屋里。还一点都不老的姥爷背着手站在屋里，灰色毛背心里面穿一件黄不黄白不白的秋衣，洗过太多次已经面料松懈，胳膊肘后面鼓出两个大包。被我硬要抱去妈妈单位玩，受了惊吓而跑丢的小黄猫又出现在了炕沿上，后背拱成弓，舔着爪子发出呼噜呼噜的声音。

独处的人不需要观众，不需要呼应不需要反馈。他们只想安静，即使这安静是空无一物的。

14 厕所女神
TOIRE NO KAMISAMA

厕所有没有女神不知道，但是爱洗厕所的女孩都是女神。

日本作家植村花菜写了一本书叫《厕所女神》。故事讲了女主人公和外婆生活在一起的感人点滴。女主小时候不爱做家务，尤其不爱打扫厕所，外婆就告诉她厕所里住着一位厕所女神，如果她好好打扫，就能像厕所女神一样美丽。这本书后来拍成了电影，主题曲也非常好听。和外婆感情深厚的孩子们一定会很有共鸣。

厕所有没有女神不知道，但是爱洗厕所的女孩都是女神。在我看来，厕所和卧室同等重要。厕所里要完成最重要的新陈代谢，要实现焕然一新。清洁卫生是最基本的，应该提升更多的感官愉悦。

先说清洁部分。洗手盆和马桶和地面是不同的清洗剂，镜子也有专门的镜面湿巾和喷雾可以用。日本的清洁用品分类很细，非常推荐。其中，马桶部分是我耗时最多的地方。对于马桶里面的清洁产品选择，我并不是那么挑剔，常用的清洁剂就可以，沿着马桶内壁上沿绕一圈洒均匀，静置三分钟再用刷子刷。马桶冲水时出水的那一圈是一个凹槽，一般的马桶刷是松果型的，很难刷到那个缝缝里去，所以我买了一个专门清洁那一圈死角的软布刷，材质有点像百洁布，但是做成了向上弯曲的形状，刚好填充那一圈缝隙，擦拭的时候内心极度舒爽（不方便写品牌名称，大家去网上搜"无死角""马桶刷"这俩关键词就能找到相应的产品）。

　　家里如果是带洁身器功能的马桶，就要配备专门清洁喷嘴的刷子。这是我最近最得意的发现。刷子十分小巧，一刷多用，有清洁出水眼儿的类似牙签一样粗细的部分，另一边是可以刮掉水垢的小铲子。手柄上额外设计了半圈由软毛组成的弧形刷，用来包绕清洁整个水管。上周用了一个，一边刷一边感慨设计的精妙，在彻底清洁的过程中仿佛最近的烦心事也被刷走了，成就感爆棚（网上搜索关键词"智能电动马桶刷""LEC"就能找到）。马桶盖和马桶圈用最平价的酒精消毒液（药店就有卖）清洁就可以了。用纯棉一次性擦脸巾蘸上医用酒精，先擦拭马桶圈，折叠翻面再擦拭马桶盖。一次一般两张擦脸巾就能搞定。冲水按键也要擦拭干净，一些特别小的缝隙可以用牙签裹上蘸好酒精的化妆棉片清洁。最后马桶壁上可以挤上凝胶状的固体小花，既是可爱的装饰，又能除臭祛味（网上搜索关键词"马桶""小花"就能找到）。

　　如果厕所有地垫或者地毯，有专门的织物清洁喷雾，抑菌除臭，不能每天洗地垫的话，隔三岔五喷一喷也是一种心理安慰。地面瓷砖也有清洁喷雾，当然最传统的 84 也是可以的，只是提醒注意调配好 84 的浓度，使用时戴手套。另外，厕所香氛也是很有必要的，我买过不下十种，后来觉得专门的厕所散香器的味道都比较刻意，不如就把喜欢的家居香氛割爱一个拿去厕所专用。用不完的香水也可以放在厕所一两瓶，偶尔喷一下"救救急"。

有人在厕所放书架或者杂志架，这个我不是很赞同。一方面潮湿会破坏纸张，另一方面看书会不自觉地延长上厕所的时间，间接导致便秘和痔疮。在厕所理应全神贯注，集中意念感受肠道蠕动，心中默念"今天我也很顺畅"来完成一天中一等一的大事。

虽然我不是一个称职的主妇，但对厕所的偏爱仍然赢得了丈夫的赞扬。每每参加家庭聚会，各家丈夫比拼起自家媳妇的贤惠时，姜先生就绘声绘色地描述我是如何跪在地上擦马桶擦得津津有味的。那种"手到渍除"的快感令人产生可以以此类推清除人生路上种种障碍的错觉。

所有家务里，清洁厕所是我唯一爱做的事情。当然，只限于清洁自家的厕所。

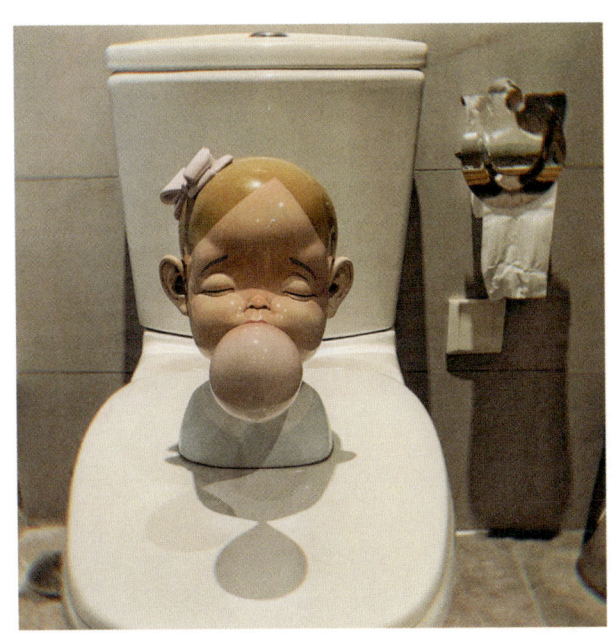

15 单选题

COFFEE OR TEA OR ME?

咖啡是一天的开始，是沟通的辅助工具，是强心剂、镇静剂，是奖励、是武器、是血液里的重要成分。

咖啡到底是哪里来的？诸多传说之一是说咖啡原产地在埃塞俄比亚西南部，一千多年前一位牧羊人发现羊吃了一种植物后，变得异常兴奋活泼，因此发现了咖啡。也有说法是由于一场野火烧毁了一片咖啡林，烧烤咖啡的香味引起了周围居民的注意，人们开始咀嚼这种植物的果实用来提神，后来烘烤磨碎掺入面粉做成面包，作为勇士的食物，勇士吃完就能量满格。直到 11 世纪人们才开始用水煮咖啡做饮料，13 世纪传入阿拉伯世界。Coffee 这个词，就是来源于阿拉伯语 Qahwa，意思是"植物饮料"。16、17 世纪咖啡传入欧洲，受到贵族追捧，被称为"黑色金子"。

我还不算对咖啡痴迷，也没有真正钻研过里面的学问，都是浮光掠影。家里和咖啡有关的书籍也大多是介绍各地有名的咖啡馆，更像是旅游书籍。刚开始喝咖啡都是喝速溶的，看广告里的小哥哥小姐姐潇洒的撕开一小条咖啡，喝完抬头闭眼微笑，灵魂飘浮在半空，超级享受。

速溶咖啡香甜润滑，应个急还是可以喝一下，可喝过且喝惯黑咖啡之后，就再也不想喝速溶了。举个不恰当的例子：速溶咖啡是乳臭未干的小男生，黑咖啡或意式浓缩是乔治·克鲁尼或休·杰克曼。我是从认真减肥那一年开始只喝黑咖啡的，不加糖不加奶，热量可以忽略不计。一杯下去立刻苏醒，利尿排水消肿，思维敏捷，目光如炬，可以像霹雳娇娃一样完成一切高难度任务。

每天一杯黑咖啡成了习惯，如果担心影响晚上睡眠质量，那我在下午三点之后是不喝的。咖啡豆的学问也很深，产地多且各有千秋（不敢不懂装懂，就不展开写了）。烘焙程度直接决定了口感，我只把握一个原则，只喝深度烘焙的豆。烘焙程度越深，口感越苦、醇、香。轻度或中度烘焙的豆会有些发酸，我个人不太喜欢。烘焙咖啡豆有点儿像中药炮制，通过火候和时间改变原材料的"性味"，不同国家和地区偏好的口味也不一样，纽约是大都市大杂烩口味，八级烘焙各有粉丝，法国人爱 French Roast；意大利人爱 Italian Roast，这两种都属于深度烘焙了，焦煳醇香，一滴入魂。

自己喝咖啡，是纯享，和别人一起喝咖啡，是社交。开会的一般喝的也简单些，美式、拿铁、摩卡。谈恋爱喝比较花哨的，星爸爸当季新品，各种眼花缭乱的 topping 往往是小情侣、小姐妹的钟爱。常出国就会慢慢习惯饭后喝一点咖啡，可以喝稍微甜一点的，就相当于餐后甜点了。一方面稍微缓解一下 food coma（吃饱了犯困的现象），另一方面也比真正的甜品热量低一些。很多时候一旦形成了某一种习惯，就会因此变得依赖，这既是人性的软弱也是可爱。有时早起工作怎么都爬不起来的时候，听到胶囊咖啡机轰鸣以及闻到 Kazzar（Nespresso 我最爱的一种胶囊）那骚动鼻腔的浓香，我就能像在印度听到笛音的蛇一样，摇摇摆摆挣脱床的魔咒，站立到咖啡杯前。

有人担心咖啡脱钙，解决办法就是克制地喝。一天美式不能超过两杯（正常马克杯），我一般喝一杯美式，如果要熬夜加班，下午会补一杯拿铁。当然也因人而异，有人对咖啡不敏感，要喝很多才有效果，这样的人我建议钙摄入一定要充足，不要入不敷出。另外咖啡不要空腹喝，要吃一点小饼干、小面包什么的，避免咖啡因刺激胃黏膜，也能减少咖啡因导致的心慌心悸。咖啡对于乳腺癌的预防作用有科学家专门研究过，也有一些证据，但是指望靠喝咖啡预防是不够的。乳腺癌和肥胖、红肉摄入过多、激素水平、压力情绪因素都有关，定期乳腺检查是非常必要的预防措施。我没想把这篇写成科普文，就此打住。

三四年前脑袋一热自己想搞点创作，就在淘宝上找了一个马克杯定制的厂子，自己设计马克杯。其中卖的最好的一款是一个 logo mug（有金句或短语的马克杯），后来这款杯子还真的做了出来，也真的卖了几百个，白杯体印着黑色英文：I'm sorry for what I said before this coffee（我为喝下这杯咖啡之前所说的话而道歉）。

咖啡是一天的开始，是沟通的辅助工具，是强心剂、镇静剂，是奖励、是武器、是血液里的重要成分。

分享一个约会时会用到的俏皮话：Coffee or tea or me（来点咖啡？还是茶？还是我？）？使用建议：对你真的动心的人说。

1.谨以此图记录并证明码字的真的是我。

1.

16 打针记
INJECTION

医生笑笑说，这才打了一针啊，左右唇角还要再打啊。我说医生！我爱我的牙龈！我爱露牙龈！让我露吧！

说起整形，我再熟悉不过。节目里常常合作的栾杰院长就是整形医院的院长，生活里熟识的朋友中也很多是相关领域的。如果我想改头换面，那真是天时地利人和。先让栾院长帮我把象腿上的脂肪抽出来再打到胸里，塑造一对自体脂肪移植的 C 罩杯，然后修修脸型左右对称一下，再埋几十根线把憨厚下垂的眼角和脸颊吊上去，最后再填充一下太阳穴，简直完美。

可惜的是：我是一个不怕死却极怕疼的人。

是的，手术是可以麻醉，但是麻药过了怎么办？我看过一个韩国的整形改变命运的真人秀节目，每个女孩都是脱胎换骨的改变。她们在复杂的手术之后要花几个月恢复，恢复期间吃喝都是问题，每个人都顺便瘦身十斤二十斤，before 跟 after 就是两个人。

上个星期做线雕手术的直播，我们在手术室里直击医生拿着针线在一个"求美者"（这个词是医美界对患者的统称）脸上扎进去再拉出来，就像缝被子一样，原理简单说就是把下垂的肉用线提起来挂在脑门儿附近的肌肉上。人的脸皮真的没有多厚，和猪皮的质感非常接近。几次穿针引线后（整个过程不过半个小时），求美者整个年轻了十岁，面部线条全部都上扬了，她自己照镜子看效果的时候都快高兴哭了。因为打了局部麻药的关系，她一点感觉都没有，但是拍下全过程的我们都是一手心的汗。

医生说这是微整，根本不算手术，接着还展示了肉毒素的注射。瘦脸针就是肉毒素，大家都知道可以瘦脸，但其实肉毒素还有很多别的用途。医生后面说了一堆，我只记住了其中一点。这一点补充说明令我欣喜不已，直播结束后没多久立刻和医生预约了时间，决定去挨上几针，改变命运。

去年做真人秀的时候，因为在机房参与剪辑，我发现了一件事。当我忘情大笑的时候，整个上牙龈都会热情地暴露于世人面前。因为大笑导致的眼睛消失并不可怕，血红的牙龈包裹着牙根若隐若现才是绝命杀。上排靠里的牙齿都像被雪藏很久的答应终于有机会见皇上一样，从嘴里奋不顾身地冲出来。我跟后期机房的剪辑老师说："这是我在用牙龈跟世界说我爱你。这样的画面……请都剪掉剪干净，谢谢。"

后来无论是录什么节目，每次想要忘情大笑时，就像是触发了大脑里的某个机关，憨傻爆牙龈的画面自动在眼前播放，立刻浑身一紧，笑容收敛。也有来不及收敛的时候，那就用手卡或巴掌捂住嘴，显得极其做作。

当我开始在意这个问题后，它就成了我的绊脚石。后来发展成不管在什么场合，只要想大笑，就会开始担心狰狞的"笑像"会吓坏别人，尽管从没有人跟我说过这件事。直播那天，听到医生说肉毒素可以控制嘴唇上面那部分肌肉！甚至笑起来想露出几颗牙都是可以调整的！这宛如阴云中露出的金色艳阳，有救了。

　　躺在医院的床上总是一切都还没开始就紧张起来。护士递给我一个压力球，说疼的话就捏球，捏她的手也行，真是好姑娘。医生坐在我头顶那侧，我们看彼此都是倒着的，所以眼神交流起来有点儿不够直接。天花板是蓝色的，墙壁是白色的。我仔细观察着上面每一片尽力擦拭过的污渍，想着那一小块黄色是不是血迹或者是不是人体分泌物的残存。CSI（《犯罪现场调查》）看多了，进入分析模式后似乎放松了一些，直到看见针管和针头之前，我都是很放松的（开始说英文不仅是喝多时会出现，紧张的时候也会）。医生说控制笑容的肌肉有好多组，需要分组扼制。医生让我示范了憨傻爆牙龈的笑容，示范了三次，她点点头说知道了，虽然戴着口罩，但是我感觉得到她已经找到了症结所在。酒精消毒，满脸涂酒精，涂到鼻子下面嘴唇上面那一片肉时，我刚好在吸气，酒精挥发的刺激味道呛得我三秒喘不上气。一切准备就绪，医生拿起针，说这是最细的针头了，我们先处理法令纹部位。我眼看着针尖移动到鼻子边上，医生说你闭上眼睛吧，会有点疼。

　　闭上眼睛那一刻，就像掉进黑洞，周遭都可能出现咬人的怪兽，你想防范都不知道从何下手。在不安中捏紧了压力皮球，突然右边脸上有针刺感，进针、拔针、移动、再进针，位置有点深，好疼但是可以忍受，拔针、再移动……右边三四下，左边少一针，医生说我的法令纹深浅不一样，所以处理时有区别。手心出汗了，我以为这样就结束了，刚想暗暗高兴说还可以接受，没那么吓人，医生说接着要处理嘴唇上面那部分肌肉了。医生说有点疼哦，经历了刚刚的几针，我感觉有了些莫名的自信，并没有太在意这个温馨的提示。

人类对于近在眼前的危机很多时候是毫无预感的。医生揪起我的上嘴唇，以人中为中心，捏住，然后把针刺了进去，慢慢扎进深处……那一刻，感觉那根细细的像发丝一样的针变成了牙签那么粗，扎到了灵魂深处！疼痛感像是小石子激起的千层霹雳涟漪波波相扣！无法形容的痛感随着针头在肌肉深处左左右右转动方向而肆意播散！后背一下子出了一层汗，眼泪立刻飙出来，表情扭曲，那根针变成了钉住心魔的定海神针。我疼得嘴歪眼斜，医生拔针，我立刻哭着说不打了，我高估了自己，实在太疼了，像扎了眼球一样，无法忍受。医生笑笑说，这才打了一针啊，左右唇角还要再打啊。我说医生！我爱我的牙龈！我爱露牙龈！让我露吧！三毛都不求深刻只求简单，我不求完美了！只求不疼！

后来，医生一路送我到电梯口，说如果后悔了再回来，可以先打麻药再打针。我对医生感谢了很久，幸亏这针是扎在人中，如果是先扎了某一侧，那拼死也要把另一侧扎了，否则就真的歪了。回到车上还是浑身酥软，很多事不自己试试真的不知道是什么感受。这世上的疼痛有几万种吧，今天我又多体会了一种。看着后视镜，我努力试着大笑了一下，牙龈居然没有爆出来，估计是被吓回去了。

美没有标准，更不该是单　标准。那一针真的是扎醒了我，大家都是不一样的焰火。

文中提及的医院、医生均是正规机构和持证医生，微整亦有风险，求美者需慎重考量。

17 短歌集
TANKAS

每个人都是一朵花。花蜜芬芳，各有短长。敏感善察的蜜蜂总有收获。每个人都是老师，从他人身上看到能照亮自己的光。一辈子做个好学生吧。

【李姐】

家里帮忙打扫的阿姨姓李，我们都叫她李姐。

李姐一周来我家两次，时间定死是周二周六，因为其他时间她全部都排满了。李姐和艺人一样，有"通告表"，每天要跑四家，从早上八点到夜里十二点，东南西北就靠一辆电瓶车。李姐说她儿子女儿都要靠她，老公是建筑工人，一年的工程干完收不到钱也是常有的事，全家都指望她一个。有一次李姐来晚了，我有点生气，给她发了好几个微信，都没理我。她风尘仆仆赶到时我问怎么这么晚。李姐支支吾吾说上一家客人病了，她给熬好了粥，买了药才走的，所以耽搁了。李姐说那一家是个小姑娘，是演员，一个人在北京租房子住，病了也没人管。她想着如果是自己闺女在外面这样，她得多心疼，于是就安顿好那个小姑娘才来的我家。

有一次李姐拿着一个药瓶来问我这是什么药，我说这不是写着，有中文标签啊，是钙片。李姐笑着说这是闺女从韩国给她买的营养药，满脸都是幸福。我说多好，您女儿懂得孝顺您。李姐笑眯眯地摸着药瓶像摸闺女脸蛋一样。后来又有几次，她问卫生间柜子里哪一个瓶子是消毒剂，我说那上面都写着呢……后来我突然意识到，李姐从来不回微信、不回短信，是因为她识字不多。

李姐把女儿送去了韩国上大学，女儿经常微信她，用语音大声说着"老妈好爱你哦"，她也会放给我听，这是我看到的她最开心的时候。

有一段日子她显得特别疲劳，后来得知是儿子要结婚，她要赚更多的钱寄回老家给儿子装修房子，就又多接了几家做饭的活儿。有一天她很晚才来，擦地的时候，睡着了。要栽倒时下意识用手撑了一下，结果按到了水盆里，把一盆水都打翻在地上。她连连道歉，我也跟着手忙脚乱擦水，她说怎么就睡着了呢，我问："您几点起床干活的呀？"她说早上五点。我看了一下表，已经是凌晨一点了。

后来李姐拿着她的 iPad 展示她装修的大房子，有两层呢，还给我看她儿子儿媳和女儿的照片。因为女儿在韩国留学的缘故，看起来就像是一个韩国萌妹子。我问李姐："您闺女知道您在国内这么辛苦的供她读书吗？"李姐笑笑说："我希望她不要像我这么辛苦。"

伟大的李姐。

每个人都是一朵花。
花蜜芬芳，各有短长。敏感善察的蜜蜂总有收获。
每个人都是老师。

【海鲜沙拉姐妹】

"等以后日子好了，我们就点海鲜沙拉。"
"嗯。"

2008 年，北京最潮的三里屯新开的西餐厅，一份海鲜沙拉 89 块，其实合理，只点沙拉就不够钱再点别的了。她们两个人点了一个汉堡一份薯条，没有点喝的，只要免费的冰水。薯条可以免费配各式沙拉酱。

这家餐厅至今仍然保持这个优良传统，有一个自助的酱料桌，各式酱料随意自取，还有专门盛放酱料的小碟子。点好餐，每个人去选自己喜欢的酱，她选了三碟，她选了四碟，反正免费，摆起来一圈，把薯条放在中间。一个汉堡精细地切成两半，连洋葱圈和番茄都要切开分好。一分为二的肉汁饱满的肉饼、嵌着黑芝麻的面包，在白色大盘子里占据主要位置，点缀上红红绿绿的配菜，像是两份主菜。刀叉放好，桌子被摆满了，免费冰水里也有柠檬片。她们嘻嘻哈哈拿起手机，互相拍，拍食物，再自拍合影。那一年她们 25 岁。

"我们准备办婚礼了。"
"什么时候？"
"五月吧。"
"哇，你终于……"
"嗯。服务员！点菜！谢谢！"
服务员还没站稳，她俩一起说："海鲜沙拉一份！"

这一年是 2015 年，她们认识的第十年。她结婚了。她也结婚了。

事业稳定，有了自己的家，不再拮据，不再颠沛流离。可是，海鲜沙拉的味道，却远没有期待中那么惊艳。

真正惊艳的是际遇吧，是时间长河中巨浪翻滚却也没有走散，反倒手越牵越紧的姐妹们。姐妹淘万岁。

1.左一：王杉。右一：梦遥。

1.

【须尽欢】

认识的一位急诊科医生给我讲过一个故事。

他刚去急诊工作没多久，某日临近交班时，一个军衔不低的军人从外地转院到协和。患者三十几岁，身高一米九、两百斤，膀大腰圆，壮实魁梧。战友陪着一起来，患者捂着胸口说下午打完篮球后觉得疼和憋，但是已经好些了。他看了一下情况怀疑是肺栓塞或是心梗，于是立刻转身去开检查单。就在转身的那一瞬，身后一声大叫，回头看，患者倒地。他立刻开始心肺复苏，后面接班的医生也来了，大家轮番上阵，拼尽全力。一般心肺复苏进行 15-20 分钟如果没有救回来就可以认定死亡了。但是患者的战友在走廊里痛哭的声音太大了，他孩子只有三岁，老婆还不知道这一切……

医生们不肯放弃，一直按压了一个小时。

没有奇迹发生，人最后还是死了。精疲力竭。

医生低着头走出诊室，洗澡，换衣服，走出医院。他没有去食堂吃饭，而是去了医院宿舍后巷的一家小饭馆，一个人点了一盘水煮肉、一份土豆丝、一瓶小二。他说那个军人和他年龄相仿，说没就没了，他要对自己好一点。

这位医生姓须，他后来给儿子取名：须尽欢。

1. 惠特尼美术馆里展出的用不同明暗的白色勾画层次感分明的一片白茫茫，女艺术家有个很长的名字，我记不住她，却深深痴迷于她的作品所带来的"无中生有"的感觉。

1.

18 那些我为你做的无用小事

THOSE USELESS LITTLE THINGS I DID FOR YOU

如果要走，请好好与我告别。

采访过一对老中医，老两口都是国家级名老中医，行医几十年，陪伴彼此也几十年。人都会老、会生病，医生也是人，也逃不开这些。

老爷爷和老奶奶各有自己的小毛病，老爷爷高血压加糖尿病，老奶奶骨质疏松，心脏也不太好。子女都在国外，老两口守着两室两厅的大房子，相依为命互相照顾。今天你感冒了我给你开一个小方子，明天我睡不好了你也给我开一个。你来我往间写的不是情书，都是三七葛根五味子枸杞一类的只有他俩看得懂的密语。

老爷爷知道老奶奶骨质疏松腿脚不好，于是想了一个办法。每天早饭时的水煮鸡蛋吃完，鸡蛋壳保留下来。做午饭时顺便拿个平底锅，把鸡蛋壳铺在上面，用小火慢慢焙干。鸡蛋壳变得又干又脆时，倒进盘子，用勺子背面把鸡蛋壳碾碎，呈粉末状，装在小药瓶里。第二天早饭时，取一勺粉末倒进奶奶的热牛奶里。老爷爷说这是他的妈妈在他小时候发明的补钙方法，虽说子女给买了不少钙片和营养品，但老爷爷仍旧每天收集鸡蛋壳，焙干，做粉末，倒进奶奶的牛奶里，看着奶奶笑吟吟地把他"特调"的牛奶喝光。

因为血糖和血压的问题，除了吃药，老爷爷在饮食上有很多禁忌。太甜的太咸的太油的都不行，每次老奶奶给他单做低糖低盐的饭菜，他总是不高兴，觉得遭受了不公平待遇。老奶奶虽被吐槽厨艺不精，但唯独会做面条。自己和面揉面擀面，面条有嚼劲，配上时令的青菜，几乎不放盐都吃得出鲜美。老奶奶在观众面前说："我发明了一种我们俩都适合的神奇的蔬菜面条，"大家一听这话，都竖起耳朵，要迎接名老中医的"养生秘诀"了。"一锅面条，一斤蔬菜，"大家拿笔记下来了，"我们俩人都吃那一锅面条，但是他吃了，血糖不会因为主食的摄入而发生太大的波动，这个秘诀就是……"，观众们瞪圆了眼睛，我也很认真地等一个了不起的答案。"秘诀就是我的菜和面是正常比例，而他的那碗面，菜多一些，面少一些。哈哈哈。"秘诀就是，我肯为你动脑筋。

老爷爷老奶奶分房睡已经快十年了。原因是老奶奶有些神经衰弱，老爷爷晚上老跑厕所。两个人半夜轮番起夜总是互相影响，索性就分开睡，一人一间屋，互不干扰。老奶奶说每天早晨老爷爷都醒得更早些，蹑手蹑脚先到她的房间来，生怕吵醒她，动作总是很轻很轻，走到床前，摸摸她的头发，摸摸她的脸。老奶奶讲的时候有点儿不好意思，我们现场的年轻人都羡慕到不行，老夫老妻如此恩爱，真是令人羡慕。老爷爷插话说："我也不是专门去摸她的脸的（大家都笑起来，觉得老爷爷好可爱）。我是早上起来心里不踏实。我们俩都是快八十岁的人了，不住在一个屋里，心里总还是惦记。每天早上，我都要先去她那屋，把手放到她鼻子底下摸摸，看看还有没有气儿。我就怕她哪天还没来得及跟我告别就先走了……"

愿得一人心，白首不相离。

如果要走，请好好与我告别。

1.

1. 纽约 SOHO 区免费开放的社区公园里虚位以待的 VIP
卡座。

19 记忆的分身
THE PAST

每每回忆一次就能和某个时空的分身久别重逢拥抱问候，这样想来人的一生就没有绝对的孑然一身了。

打开一本书就进入一个作者的世界，有能力的作者是用朴素的语言就可以轻松邀你进门的，他/她看着你坐在他对面，他/她准备了最舒服的椅子和温度适中的茶，他/她慢慢开始讲故事。

在韩少功老师的《日夜书》里，"入境"是分分钟的事，无论何时在多么嘈杂的环境里翻开书，都能一秒去到白马湖茶场。书里是父辈们的一段集体记忆，我也听爸妈碎片化地念叨过一些，但是韩老师书里写得太具体了。那饥饿、劳累、热情都是历历在目的，听得见声、闻得着味儿。

有一段写上山下乡的知识青年们在重体力劳动后饭量大到惊人但却苦于食物贫瘠不足，说男人吃饭都不是狼吞虎咽，是把头搬下来，饭菜一股脑倒进去再把头装回来，然后彼此看看是否有异常，再检查一下是不是饭碗和筷子也倒进去了。还写了别的食物都很精贵，但是红薯管够，于是在盛产红薯的季节，很多严肃的会议气氛会被此起彼伏地、音调各异或短促或绵长的屁声给打破。写下这些的作者和记忆片段里经历这些的主人公是不是同一个人呢？

"我们与我们的过去异同交错，有时候像是一个人，有时候则如共享同一姓名的两个人、三个人、四个人……他们组成了同名者俱乐部，经常陷入喋喋不休的内部争议，互不认账，互不服输。"

我们常常会讲起来的那些故事里的我们，弱小的、骄纵的、莽撞的、迷惑的、热情的、笃定的，是我们吗？细胞严格按照周期不断凋亡新生分裂增殖，每分每秒进行着"没有葬礼的死亡"和"没有分娩的新生"，回看久远的照片或影像时，那个同名同姓的人合情合理的熟悉又陌生。

前几天偶尔登录微博，看到了私信最上面的一封，说是我的小学同学，还附上了一张很模糊的合影。我点开下载仔细研究：一栋灰白色的墙体的教学楼，两三排长相各异的孩子站站坐坐。风吹乱了老师们的头发，尽管他们稳稳坐在第一排的C位，仍然看起来有点儿走神。孩子们都像豆芽菜一样发黄发绿，那时候营养确实和今日有差距。我努力寻找自己，哪个是我？那个穿运动服看起来有点儿愤怒的？还是那个肿眼泡的双马尾？小时候不是据说妈妈会从上海买衣服给我穿吗？那为什么没有发现班上谁是Fashion Icon（时尚达人）呢？孩子们站在阳光下都不自觉地眯起了眼睛，有几个面容姣好、笑容甜美的，我一秒可以确定不是我。

我把照片发给了爸爸妈妈，他们迅速找到了我，也证实了那位网友的身份。我仔细端详那张还没完全伸展开的蜡黄的脸，挂着眼袋和不耐烦的表情，这是我吗？不，她只是我同名俱乐部的一员。

爸妈还讲了一堆小学时发生的事，例如隔壁楼有人结婚，我偷用妈妈的粉底和口红，把自己化成艺伎一样专门去看热闹，回头率百分之三百，新郎都忍不住多看我一眼，以为大白天见了鬼。某一年秋天煤气管道整修，地面挖出一个大坑，上面搭了一条木板方便大家暂时穿行。我和小朋友一起比赛"快步走木板"，不料最后一个回合一个趔趄掉进坑里，爬出来时浑身臭泥脏水，自此人设崩塌。大概是小学五年级，初中的"坏小子"来学校门口等一些女孩儿一起放学，当然"被等的"都是笑容甜美、面容娇好的。我看了很羡慕，于是跟电视剧里的女演员学习回眸一笑，每天放学都在过马路后朝那群坏学生施展一两下。功夫不负有心人，有个又黑又矮的天天追到我家楼下，后来多亏一楼住的叔叔给赶走了。

我并没有反驳这些的证据，毕竟在几年前开车经过老房子时，那些空地、花园、甬路、简易的阳台和一路之隔的小学仍然客观且真实地在那里接纳着另一群孩子的活力和纯真。在默默迭代的时候我们并不能保证哪些信息会被修改哪些可以延续，而大脑沟壑的空间似乎并没有云端设置，只能删一点再存一点，保持着鲜活和平衡。同名俱乐部有些成员住在爸妈大脑里的高级旅馆，有些挣扎在我大脑里的危房。随着年岁的增长，我慢慢学会善待她们，她们都曾那么努力地创造出存在感，出演我人生中许多具备重述价值的片段，劳苦功高。

要感谢《日夜书》让我想通人为什么不应该否定过往或是残暴否认，我们该觉得幸运才是，每每回忆一次就能和某个时空的分身久别重逢拥抱问候，这样想来人的一生就没有绝对的孑然一身了。我是我毫不保留的挚友，我是我至死不渝的眷侣，"我感谢隐身的大群体授权我在这里出面"讲故事。

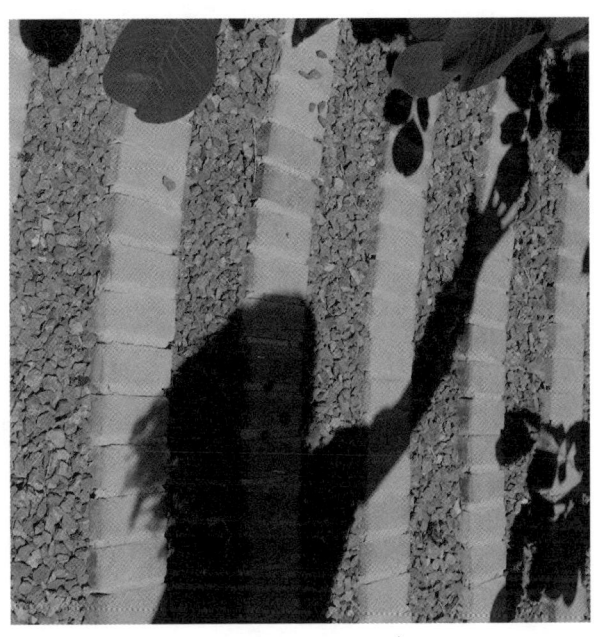

20 寄生兽
THE PARASITIC

螺蛳粉里泡了爱情的尸首，格外臭。寄生兽展示了惊人的食量，吞噬悲愤，嚼烂过往。吃饱了，便又是一条好兽。

《寄生兽》是日本知名漫画，一个人的身体里寄居另一个生物，时而善良时而险恶。电影《毒液》也是类似故事。人类总是想把自我矛盾和自我侵害行为合理化，"寄生"的概念就变得超级好用。

　　每个人的身体里都住着自己辛苦养大的寄生兽。童年的遭遇、懒惰的教训、激素的紊乱、彻骨的伤痛，都是寄生兽长大所需的营养物质，它在大多数情况下可以保持安分，但是在戒备和理智松懈时，就会脱囊而出，从孔窍处现原形，把悲伤、对峙、恐惧甚至暴力付诸行动，让肉身变成武器。

　　傍晚时分，写字楼下，树影婆娑，人流麻木。夏至未至，风干物燥，脏话配合尖利的噪音，让部分麻木变成驻足，甚至有人开始录影。一个穿短袖衬衫的女孩站在路边拿着电话咆哮，圆脸涨红，握着拳。她在诅咒一个人，她希望那人以最血腥的方式消失，她直呼那人姓名，顺带着那人的全家。愤怒使她扭曲变形，语言粗糙而具象地描述了一次肉体的背叛，围观者得知那人姓李，围观者继续推理，得出李姓男子出轨，出轨对象疑似家中月嫂。风吹起来，女孩儿的头发吹进嘴里，她嚼着头发继续骂，濡湿的碎发并不影响她的发挥。她一米六左右，音高却像三米的巨人。围观者越来越多，有保安在靠近。她没有哭腔，底气十足，她像还有无穷的力气，李姓男子如果就在面前，或许围观者能"有幸"看到生吞活剥的画面。十五分钟可以是一部微电影的长度，在下班的高峰时段公映，情节狗血但是是裸眼 3D，情感充分值得为此停留。"电影"收尾很仓促，女孩儿的衬衫被晕出的乳汁打湿，这次丑恶背叛的受害者还在哺乳期。女孩儿匆匆钻进一栋写字楼，人群快快散去，一切像没有发生过。围观者的视频里留下了一只绝望的寄生兽，咆哮是它唯一得以展示的功力。

小区楼下新开了一家螺蛳粉店，臭香超群。中午人不多，晚上要排队。横条木桌贯穿小店像极了"大通铺"，配合高脚凳等同于温馨提示顾客吃完请赶紧走。螺蛳粉的"臭"源于对当地酸笋的误解。正宗螺蛳粉的灵魂恰是发酵的酸笋释放的鼻息挑衅，会吃、懂吃才觉无可替代。女孩儿一个人点了两碗，身边的座位用包占着。老板认识她，她和男朋友是常客。先喝口汤，三口下去鼻尖微微渗汗，接着嗦粉，吸溜吸溜，有点烫但是已经送到嗓子眼儿了，就果断吞咽。酸笋爽口，豆干香韧，花生点缀着味蕾，青菜补充膳食纤维。女孩儿吃相忘我，如果她是吃播的主播，一定圈粉无数。她吃得专注而有条不紊，不看手机、不抬头、不分神。一碗吃完，拿过另一碗，机械重复流程。瘦削的身体里胃在膨胀，脸上却没呈现任何满足。两碗吃完，鬓角流下汗来，嘴巴还在咀嚼最后一口，手却伸起来："服务员！再来一碗！"隔壁食客投来异样的眼光，这女的怎么那么能吃。等待的时候女孩儿把占座的包拿起来放在腿上，包上印着字：Let it be。第三碗，速度明显慢下来。柔软的粉顶住喉管，咀嚼动作持续过长，太阳穴轻微胀痛，咬肌也显出疲态，一口一口变成慢动作。是被辣味呛到么？突然有眼泪落下来，画面俗套不堪。《天下无贼》里刘若英边吃烤鸭边哭的表演后来出现了许多效仿者。广西男友第一次带她吃螺蛳粉时，她还是被憧憬就能喂饱的少女。两年吃了几百碗，今天吃最后几碗。螺蛳粉里泡了爱情的尸首，格外臭。寄生兽展示了惊人的食量，吞噬悲愤，嚼烂过往。吃饱了，便又是一条好兽。

　　从金钟想步行去铜锣湾还是要花些时间和体力的。太闷热的时候肯定走不到，晚上凉快些，臆想吹起的风都是海风。穿些小路比较不会无聊，橱窗会亮着灯，有些水果摊还没关。应季瓜果在适宜的温度湿度下如鱼得水，发育得饱满夸张，摆成一排时就像在炫耀。劳斯莱斯车行里在展示全新的"幻影"系列，他的 dream car。他驻足看了几分钟，店内的摄像头一定拍到了这个"痴汉"的凝视，宛如静止画面。手机震了一下，拉他回现实。他不想看是什么讯息，不想被任何召唤或知会影响了决定。小时候每当父亲举起一条被磨得发亮的、废弃的桌腿，他就进入一种可以关闭所有感知的冥想。没有痛觉，淤紫、肿胀、渗血都是没有情感的描述。他奇迹般长大成年，父亲病逝时那条桌腿被一并放进棺木。此刻他在脑袋里启动了冥想开关，双腿支配肉身走向目的地。这一区住宅楼星罗棋布，楼下是商铺，二楼三楼以上是住宅，为了掩盖楼体的老旧和衰败，有几栋楼被掩耳盗铃地刷成了嫩粉色鹅黄色和浅蓝色，乍一看有点像画册里的诺丁山。他是爱生活的，他努力存钱希望可以住去有独立厕所的房子，希望可以去英国看看，希望可以谈恋爱，希望能带妈妈去看最好的医生。他的生活里迫切需要好消息。穿过鱼市再走几条街就是最热闹的区了，地上的脏水坑和垃圾袋都轻盈小心地绕开，整洁体面还是要保持。走到一幢六楼的建筑下，他掏出钥匙，打开门，爬上六楼，再拿出另一把钥匙，打开天台的门。当时配了一把是因为储水设备维修的需要，他曾是这里尽职的物业人员。楼顶的风，更大些。香港电影拍摄了许多天台的戏码，使钢筋水泥丛林的高处显得神秘。站上来，不是单挑就是了断。他站在楼体边缘，计算着坠落大概需要几秒。没有什么必须要跳下去的理由，也没有什么留下来的理由。妈妈常说"阿ken啊，人被生下来就是来还债的"。遭遇校园凌霸是还债，酒后父亲的殴打是还债，失业失恋是还债，投资血本无归是还债。他不懂何时欠了那么多债。寄生兽爬到他背后，准备好推他最后一把。手机又响了，寄生兽露出气急败坏的獠牙。"几点到家？煮了甜汤。"手机屏幕的光好亮，肉身恢复感知。妈妈的甜汤最好喝。阿Ken在楼边坐下来，点燃了一支烟。

撒旦曾是天使，天使亦会叛变。消灭是暴力蛮横、缺乏智慧的，如同人类对抗肿瘤细胞的思路转变：有需要时靶向治疗，风平浪静时与之共存。准备在身体里给我的寄生兽建立一个公园，取名"猪罗纪"。

21 真心话不冒险

BE STRONG

不确定他缓过神儿之后会不会第一时间把我拉黑，但是我能肯定的是：因为我说的每一句话都是真心话，所以收获了内心的平静。

我们似乎从小被教育要坚强，要忍耐，要听话以及合群。在被千禧一族和90后包围的今天，我认真观察他们的行为模式和表达方式，发现他们中的大多数人更加勇敢、更直接地表达感情，同时更能接受变化。

　　朋友的创业公司里三分之二的员工是90后。有一次因为一件小事朋友在会议上对其中一个90后（后面会用H指代）发了火，第二天就收到了辞职邮件。她很不解，因为在我们的成长过程中，挨骂是像一门课程一样的存在，我们还会对自己说：要打翻身仗（这个说法写出来竟然如此老派）。朋友去找H恳谈，一方面想挽留，一方面很好奇为什么一次情绪爆发就让H想放弃很有发展的一份工作。两个小时的促膝长谈也没有留住H。H感谢了老板的重视和培养，但她更看重老板的眼界和判断力。她希望找到一位理性占上风的领导者，同时希望职业的屋顶再高一些。即使朋友提出了加薪，H也很坚决。换言之，那次情绪爆发事件只是最后一根稻草。朋友因此难过了一段时间（的确是感性的人），作为创业公司的领导被员工直言不讳地指出人性的弱点和能力的局限也是难以消化的事。但是客观地从 H 的角度出发，把真心话讲出来，不欺骗别人不委屈自己，大大节约了沟通成本和时间，迅速为自己寻找下一条轨道，是非常勇敢的。"H 事件"后朋友去参加了"总裁学习班"，废寝忘食磨砺心智，为了能吸引更优秀的伙伴，和更优秀的人一起奔跑，自己要先变得更优秀才行。

　　"直言不讳"这一点我向年轻人们学习了，得罪了多少人不知道，但是自己心底真的一点都不拧巴了。有一次，一个制作人找我做一档旅行节目，主题内容大概就是全世界天南海北地吃喝玩乐。制作人也是我很熟的同事了，按照以往受到的"教育"，我应该迂回委婉地先认可一下节目的形式，再表达一下我很想参与，最后再撒一个谎说时间或者档期对不上所以不能参加。但是我没有，我的回复是："D 导，先谢谢你给我打电话，还想着我这个十八线女主持，但是这个节目我真做不了。有人开玩笑说，世界上有两种职业大家都很羡慕但其实都很遭罪，一个是美食节目主持人，一个是情色动作演员。这种周游世界的节目对体力耐力都是考验，我只想真的去看看世界，而不是再挑战自己去表演看世界。再者，如果只是单纯的旅行记录，很难在市场上和同类节目竞争，那么多靓丽男女、大哥大姐组团旅行的节目，你怎么吸引广告商给你投钱啊？我建议要么想一个足够立得住脚的主题，就像俄罗斯的灵媒选秀节目《通灵之战》，再多选秀也干不倒它，因为它的主题太特别了；要么就是找一个旅行的目的，'和好之旅''恋爱之旅'一类的，观众在看热闹的时候顺便也看了异域的风土人情。总之就是特希望你能做一个好节目出来，虽然不能参与，但是祝你成功。"我说话语速快，再加上中年妇女"天不怕地不怕"的劲头，D 导只是说了"没事谢谢"就挂断了电话。

不确定他缓过神儿之后会不会第一时间把我拉黑，但是我能肯定的是：我因为说的每一句话都是真心话，所以收获了内心的平静。

"老好人"已经不流行了，换作是我当制作人，我也想要既有能力又有热情的合作伙伴，能够不怕磕碰、降低沟通成本的伙伴儿，一起把事情做好才是最重要的。想到我之前做制作人的时候，和后期导演天天上演机房辩论赛，使用的语言都是不过滤、不修辞的。在屋里吵怕影响士气，就站在楼外面黑灯瞎火地吵，蚊子们欢欣鼓舞地围着我俩，剑拔弩张时的激流血液为它们提供了绝佳口感。吵完回到屋里一看，身上几十个包，疼痒钻心。但是我们的目的是一致的，就是为一个好的结果，结果论英雄。后来节目平均收视率在全国第三名，作为一个小成本且小众的真人秀节目来说算是可以接受的结果。

感谢困境医好了我的玻璃心。

在纽约的这段时间，我能感受到纽约客身上那种自我。他们戴着耳机沉浸在自己的世界，地铁上或是公园里，想唱就唱、想跳就跳、想躺就躺。在不影响他人的情况下，满足自己内心发出的所有指示。在咖啡馆写字的时候偶尔"偷听"身边的人谈话，直接说着谁好谁不好，这件事行或者不行，没有一句废话。"I think…I feel…"是最常听到的，强烈的"利己"意识曾被我们的文化批判为自私自利，但是这像飞机上对于氧气面罩使用时的提示一样：请先为自己佩戴好，再去帮助他人。

顾好自己的内心，内心指导并决定了外在。一个强大的人不需要浮夸的装饰和簇拥，而实现强大的过程没有捷径：时间、阅历、不断地学习，缺一不可。

22 猫恩难忘
TO MY BELOVED ONES

如何身处高速嘈杂，面对繁复且不得不做些妥协的职业时却仍然能忠于内心、不疯不弃呢？也要深深地感谢我的猫咪们啊。

我常常跟人说起，如果不是我的猫，我可能早就疯了。

每次万念俱灰暗无天日情绪陷入死循环时，她们就弓着身子静悄悄地出现在我脚边，用她们圆滚滚毛茸茸的头蹭我的腿。仰起脸喵一声，眼睛半睁半闭，尾巴有节律地摇摆着，这个地球即便下一秒爆炸，她们也是自在优雅并不慌不忙的。只需几秒我就能回到猫们苦心为我营造的"无所谓"的气氛里去。她们就是这么厉害的心理康复师。当然，同时她们也是斗志粉碎机。

国外就有专门的机构，把一些脾气秉性热情温顺的猫养在一起，为自闭症儿童和孤寡老人提供心灵康复。这样的机构在国外运营成熟，和很多流浪动物救助站有合作，一举多得。我家有三只猫，其中一只是暹罗，这个品种就是康复的首选——粘人、亲人、不挑剔。在我家也是一样，暹罗噜噜是陪伴感最强的，此时此刻在写字的时候，她就四脚朝天躺在我的电脑后面，睡得太熟翻着白眼。她今年 15 岁了。

噜噜是只脾气刚烈的猫。小时候打预防针，一个男兽医加上我也按不住她，她能背着针头上蹿下跳，最后要两个护士一个医生才能给她打针。大多数时间，她是温柔的，想照顾全家人。用长满倒刺的舌头梳理每一个人的皮毛，我几乎每天被她舔醒。她要睡在我头上，或者我的臂弯里，和我脸贴脸，无限靠近，但是也会在要剪指甲之前消失得无影无踪，是个聪明绝顶的老姑娘。大家普遍认可猫和人的关系是最理想的人际关系的缩影，既不太近也不太远，尊重彼此的空间。噜噜倒不是很贴切的代表。晚上她一定是要陪睡的，而且要挤在姜先生和我之间，脸朝着我，屁股对着他，一副"我就是要在这里"的霸气。有时候把她赶出去关在门外，她可以在门缝处叫几个小时不休息，直到我们投降。哦对了，她还是家里唯一一会开门的猫，知道跳起来用身体压住门把手，利用重力转动把手，然后落地后门已经旋开一个小缝儿，她再若无其事地挤进来。但是白天她需要独处和空间时，也是很难找到她的。年纪大了之后一天多在睡梦中度过了，偶尔看到她睡在衣橱，偶尔在书架的格子里，偶尔在阳台上洗好晒着的地毯上。看着她睡觉，我的世界也能安静得一塌糊涂，整个人也慢慢昏昏欲睡。

今年春节去旅行的时候，我把三只猫都送去宠物店寄养了，回来后接回家发现噜噜挂着很长的鼻涕整个猫在瑟瑟发抖，眼睛都睁不开。我一下子傻了，眼泪像开闸的水。抱着她冲去医院检查，医生做了好多化验，最后诊断呼吸道感染，因为年纪太大必须住院，而且还有生命危险。15 岁的猫相当于人的 80 岁，她是一个 80 岁的猫奶奶了。每天我就陪着她输液，看着她一天天瘦下去，第一次觉得每天醒来理所应当会见到的小黑脸有一天可能真的会消失。

噜噜怀过两次孕，第一次生了三只小猫，我养不起也没法照顾就都送了朋友，其中一只小猫 6 岁那年肺病去世了，另外两只因为和那个朋友失联，所以不知道现状。第二次怀孕是个意外，我发现时，只能将子宫整个切除了。噜噜手术结束后变得轻飘飘的，也可能是我因为太对不起她而产生了错觉。她像一片羽毛一样睡在猫箱里，动物医院在西直门附近，我的二手雨燕违章暂停在路边，我提着一箱"羽毛"小步跑，要赶在被"贴条儿"之前赶快把车开走啊。猫箱放在副驾驶脚底下，噜噜一声都不叫。

二环很堵，天色渐暗，红色的尾灯像一颗颗发亮的蔓越莓。现在回忆起来，那时候的我比现在能干很多，也应该是启动了各式各样的应急机制，来对抗生活出的一道又一道考题。我的猫都是我的同学，和我一起经历了种种大考，十几年来彼此照应，共对生活。

这次住院输液时她会睡着，在笼子里一声不吭。一周后她能在输液时爬出来卧在我腿上，虽然还是一直打喷嚏，但是她认得我了，用爪子扒住我，还能偶尔叫几声。再后来她真的慢慢好了起来，出院回家那天我们全家都在家里迎接她，开罐头开香槟。生命还是顽强的，但一期一会也是千真万确的。噜噜是一只慷慨到伟大的猫，她的一生都将用来治愈我。

我家另外两只其中一只也 15 岁，叫肖辉。还有一只叫秘密，6 岁了。肖辉的故事我写过很多（后附《猫说》），她是我最爱的一只。秘密没什么故事好讲，小时候得过几次臭脚病，有点像猫的脚气，脚丫子缝里分泌臭臭的液体，踩得一屋子臭梅花。我顶着恶臭把她抱在怀里上药，她戴着伊丽莎白圈一声不吭，大眼睛望向远方，像是认了命。美短神经大条，没有什么特别的情绪起伏，吃了睡睡了吃，想我的时候才来示好且必须有回馈才肯罢手；不想我的时候想抱抱她就像是要杀了她一样，叫声凄厉疯狂掉毛。

有一次租的房子进了小偷，我晚上加班回到家，钥匙插进锁孔是空转的，屋门一推就开了。现在想来有点后怕，但当时胆子真是大，想都没想就推门进屋，开灯检查，啥都没丢，因为啥也没有，多少有些对不住这位小偷。

房子是刚租的，只有衣柜是满的，抽屉和冰箱都是空的。茶几上有一片糖纸，各处都有轻微被翻过的痕迹，简易沙发上有人坐过。我脑补了小偷的失望，他费尽心思在门口墙上留下了诡异的符号，撬门进来就为了吃一块糖么？我猜测秘密是否也在他腿上蹭了蹭？肖辉噜噜有没有冲他叫？有没有躺在地上翻着肚皮撒娇卖萌索要罐头？小偷是不是坐在沙发上一边吃糖，一边还和她们仨玩了一会儿呢？那天晚上我拿椅子顶住大门，椅子上放了一个玻璃杯。

电视剧都是这么演的，一旦有人闯进来，玻璃杯掉在地上碎了，我就立刻能做出反应。其实心里怕极了，充分感到自我催眠的无力，睁着眼看到天亮。天亮后就去跟物业交涉被盗的事情，查了监控，估计小偷是从地库进的小区和单元门。

因为没丢什么东西，大家也就都没有深究甚至没有报警。可惜猫咪不会说话，她们可是唯一的目击者啊。后来没过几个月，我就又搬家了。三只猫跟着我各式房子都住过，房子越住越大（从半地下到地表再到高层楼房），猫罐头吃的频率越来越高。我32岁那一年，大家才一起住进了一个有阳台、很舒适的三居室，再也不用搬家了，我也不用交房租了。集体流浪的日子以婚姻的方式终结了。

她们仨都是女孩子，平时没什么交集，在家里各自盘踞一方。我是主人也是奴隶。与其说是她们围绕着我生活，不如说我在她们身上吸取着不可描述的能量。蔡澜先生也爱猫，还专门写文章教给大家如何给猫按摩，什么手法能让猫咪舒服到四脚朝天并发出享受的呼噜声。爱猫的人都有一颗奉献的心，舍己为猫。不管多累，只要她们靠过来，双手要开启自动按摩模式；不管睡多熟，都要保持一个姿势不动，免得挤到她们；每天满头满脸的猫毛，衣服不管多贵衣橱一律都是猫窝；刚刚泡好一碗面，她们在旁边吐了一堆毛球，立刻收拾呕吐物，弄干净之后这碗面我照样吃得干干净净。

我大概是习惯了，习惯有这些不间断的小麻烦，也习惯了每天和她们一起在同一屋檐下互不干扰、肝胆相照。美国有个作家叫爱德华·戈里，他有一句名言："书加猫，生活就很美好。"据说他养了7只猫，家里有两万多册图书。他给他的生活赋予了最完美的配置。这样想来我也过着十分完美的生活。姜先生说他娶了我一个人，还附赠了三只猫，赚了。我看着他很贵的皮沙发被猫抓成了筛子，知道他在说反话，但是我相信他也是爱她们的，因为他能允许我们每天睡觉时，中间都有一堵"猫墙"。

有人问过村上春树为什么他的作品总能令人感到温暖。他回答："也许这应该归功于陪我写作的猫咪吧。"

如何身处高速嘈杂，面对繁复且不得不做些妥协的职业时却仍然能忠于内心、不疯不弃呢？也要深深地感谢我的猫咪们啊。

　　美国人做过研究，养猫的人比不养猫的人心脏病发生率低很多，其原因是撸猫时人的心跳血压都趋于平稳，平和情绪、有益身心。

1.	2.	3.
4.	5.	6.

1-3.太喜欢所以忍不住咬一口。弗洛伊德定义的痴迷和依恋
　　 是从嘴开始的。我爱它们，我单纯地想尝尝味道。
　　4.噜噜，女，16岁，暹罗，热情。
　　5.肖辉，女，16岁，中华田园，骄傲。
　　6.秘密，女，7岁，美短，憨傻。

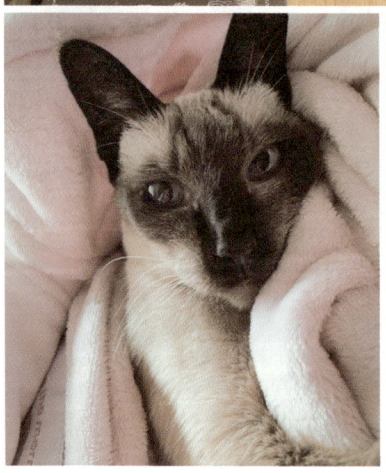

1.	2.	3.	4.
5.	6.	7.	

1. 看猫吃饭是最解压的事。
2. 橘皮帽买家秀。
3. 头顶书记忆法。
4. 瓜皮酱的不情愿写真。
5. 噜噜今年 16 岁，粉色包围下仍旧少女。
6. 肖辉的完美侧颜。
7. 全家昏睡图。

23 陌生人观察课
OBSERVATION 101

从前觉得这些都是了不起的行为，微小之处见真爱。但是在陌生人身上看到一模一样的行为模式后，我以为自己架构的相处模式有多么与众不同，但其实都只是在"责任手册"里的规定动作而已。

一个人飞纽约，从东京转机。邻座的是一个中年男人，带着老婆孩子。老婆孩子坐隔壁一排，男人坐我邻座。孩子年纪应该不太小，我判断的标准是在整个航程里没有哭闹，谢天谢地。

　　坐长途飞机是件需要极强的自我调控和娱乐能力的事，通常我一定会带纸制书，因为机上娱乐系统关闭的空档也不想闲着，闲着会觉得尴尬（任何形式的空档都会令我轻微尴尬，不知道是不是一种职业病）。还有一件有趣的事可做就是默默观察他人，猜测这个人的职业和他的人生琐碎。有些观察会映射出许多我们自己身上、很难通过自察而得出的结论。"任何形式的创作都需要敏锐的触角和入微的生活观察"，这句话听到耳朵生茧但屡试不爽。

　　飞机餐通常会有不同菜系的选择，日航基本就是日式和西式。空姐点餐时，邻座男人扭身去问老婆孩子吃什么，细心的翻译菜单，空姐日语问，他也能日语回，初步推断是个经常往来日本的人。中年男人微胖，穿露脚趾款式的"爸爸凉拖鞋"，发量委屈，上身深色短袖，下身工装短裤，斜挎小包。餐食上来了，风卷残云。男人吃完自己这一份时，老婆默默地把她自己那一份递了过来。他们在过道交换餐盘，安静自然的像一个必然的程序。老婆点了和他不一样的西式，一份餐几乎没怎么吃，仿佛就是等着交换那一刻。飞机餐的份量，通常对于一个成年男人是肯定不够的，她希望老公吃饱吃好，吃到日式也吃到西式。

男人继续吃着，老婆的声音从远处传来，是在叮嘱儿子要把配菜也吃掉，她的声音在机舱噪音的挤压下显得干瘪，儿子没有任何应答，丈夫也是眼皮不抬地吃着。为人妻且为人母，"付出"和"絮叨"是她们的标签，没什么好被夸赞和感谢的。如果有一个"中国已婚女性责任手册"，那她做的事就是再普通不过的规定动作。

甜品时间，男人招呼着孩子吃冰激凌，哈根达斯小盒装，男人吃了两盒，嗜甜之人。空姐来发入境表格，男人扭身跟老婆要了一家人的护照，支上小桌板，认真地一式三份填写起来。填写、逐项检查，再夹回护照里。妻子远远看着，仿佛他是在画国画。飞机落地前有日语通报近期手足口病的疫情，我是听不懂，但是男人自言自语地说："这中文翻译根本不对，日语可不是这么说的。"老婆问了一句怎么了，男人摇摇头懒得再说一次了。

我曾经以为千万对夫妻会有千万种相处方式，但是看到他们交换餐盘的时候，我仿佛看到了自己。每次和姜先生坐飞机我也会和他点不一样的食物，然后等着交换的时刻。再仔细想想，带着爸妈出去，每次妈妈也是这样，几乎不吃任何，就等着爸爸吃完然后把自己的那份也给他。每次外出，在飞机上填一家人的表格是我的工作，填写核对然后在递还的过程里得到被需要的成就感。从前觉得这些都是了不起的行为，微小之处见真爱。但是在陌生人身上看到一模一样的行为模式后，我以为自己架构的相处模式有多么与众不同，但其实都只是在"责任手册"里的规定动作而已。

　　下飞机时，男人卡住过道，让妻儿先通过然后他提着行李走在最后面。前排同样是一对外国老夫妻，亦是一前一后通过过道，丈夫在后面轻轻扶着太太的后背，温柔地表达"我在你身后"。这可是规定动作之外的加分动作啊，如果渴求高阶的幸福，或许我们都该学习更多的加分动作。

1. 夏威夷茂伊岛海滩边常常可以看到互相擦防晒油的老夫
   妻，奢侈的幻想之一是就算有一天皮肉松成"千层褶"，
   爱的人也可以熟视无睹、愉悦下手。

1.

24 非典型疼痛
ATYPICAL PAIN

自从大姨妈被称作大姨妈之后，不知道多少真正的大姨妈恨死了大姨妈。

自从大姨妈被称作大姨妈之后，不知道多少真正的大姨妈恨死了大姨妈。占了她们的称谓还那么招人讨厌，几乎就没听过哪个女生喜欢大姨妈的。代大姨妈向真正的大姨妈们说声对不起了，一定是有些相似属性导致了大姨妈成了大姨妈的代名词，如果能够逆转一些大姨妈的可恨之处，说不定大姨妈们就不会那么生气，这段没看懂的，自觉去面壁。

　　简单地介绍一下大姨妈是从哪里来的。我们的子宫每个月都会给可能降临的宝宝准备一张柔软的毯子，这个毯子就叫子宫内膜。如果有宝宝来了，他们就会在小毯子上稳定下来，开始进一步的发育。如果没有宝宝来睡这张毯子，那么在每个月的那几天，这张毯子就会分批分量地排出体外，就是我们看到的大姨妈。子宫内膜的脱落就是月经，因为每个月都要给宝宝准备新毯子，常换常新才有诚意嘛，所以大姨妈就是一个月要折腾一次。

当我第一次知道大姨妈的来历时，我还是挺感动的。医生说女人的伟大也就体现在这些实实在在的付出当中。每个月都要经历肚子疼、浮肿、情绪起伏、胸胀、食量忽大忽小、抵抗力下降等这些大姨妈带来的痛苦。女孩子们更应该知道，如何在这个过程中保护好自己，同时照顾好大姨妈。

首先，有一件事我一定要先讲。不久之前一个妇产科医生来做我的节目，讲了一个 21 岁女孩的悲惨遭遇。这个女孩去看病时小腹坠痛、已经疼得死去活来，影像学检查发现是子宫内膜异位症。医生询问得知这个女孩儿为了怕怀孕，所以经常会在月经期间和男朋友同房。之前说了月经（大姨妈）是子宫内膜的脱落，而同房的过程类似于活塞运动，会造成经血逆流，会把已经脱落的子宫内膜带去子宫以外的位置。子宫内膜的生长能力很强，像种子一样，落在哪里就会生根发芽，形成增生和囊肿，子宫内膜异位症还会导致不孕！月经期间我们的抵抗力会急剧下降，这时候同房也有可能感染各种妇科疾病，所以：请姐妹们善待大姨妈！她来了就让她好好休息！为她好，更是为你自己好！

接下来可以说说如何缓解大姨妈期间的那些不爽了。

1. 针对痛经：能躺着休息是最好的缓解。侧卧并热敷小腹起效比较快。暖水袋热敷肚脐周围，再用焐热的手轻轻顺时针按揉，听些舒缓的音乐或是喝些热水，能够睡一觉是最好的。尽量不要一疼起来就吃止疼片，避免不必要的药物依赖。如果在家里有时间，可以熬些中医传统的"五红汤"喝：红糖 10 克，红小豆 15 克，花生衣 5 克，枸杞子 10 克，大枣 2 枚（没那么精准也是可以的，都是药食同源的药物，无毒无害，每一种适量就可以）。

2. 月经期间皮肤问题：通常在大姨妈来之前一周左右就会发现皮肤又干又容易冒粉刺或是痘痘。这个时候保湿和保持好心态最重要。每晚敷保湿的睡眠面膜，多喝温水，不要太在意皮肤的改变，毕竟是周期性的，出门之前用保湿的气垫粉铺薄薄一层，切忌大浓妆。

3. 针对大姨妈的一些缓兵之计：热水泡脚，有条件的话水最好没过膝盖，泡到额头微微发汗即可；也可以喝一些四物汤，市面上可以买到现成的冲剂或是成品；大姨妈会比较嗜睡，睡觉时不妨试试把腿垫高一些，也能缓解小腹的坠胀感；大姨妈期间请每天清洗，热水淋浴，着重在小腹到脚这部分身体用淋浴头反复自上而下冲洗，水温可以高一点，冲到皮肤微微发红就好了。

最后再说说大姨妈用品，无论是卫生巾还是卫生棉条都是有保质期的，不要囤货，现用现买。大姨妈至多也就待一个星期，何不利用这一个星期享受一下做女生的各种特权呢？当你理直气壮地端坐在沙发上盖着小毯子、喝着红糖姜茶、听着音乐翻着杂志时，说不定心里还会默默感谢大姨妈呢。

25 那些我再也吃不到的美食
NEVER AGAIN

宽平大桥现在也还在，经过了翻新加固，但桥下的饺子馆早就拆了。能坐下一家三口的自行车型号好像已经不再生产了。冬天也没再那么冷过了。爸爸和我却一直记得那个早上。爸爸今年 64 岁了。我 37 岁。

【油炸元宵】

"元宵"应该是东北的叫法，不是指元宵节，我家那边的人把元宵节吃的汤圆就叫元宵。在我小时候，元宵只有元宵节才能吃，平时没得吃。过节总是要去姥姥家，因为姥爷年轻时是省政府食堂的大厨，所以很会做菜，我们小孩都盼着去姥姥家吃饭。

元宵可以煮了吃，但是姥爷厨艺高超，可以做油炸元宵。炸好的元宵金黄金黄的，表皮裂开的纹理看得见洁白软糯。姥爷总是嘱咐我们慢点儿吃，先用筷子把它夹破，热气散一散再入口。那时候元宵的馅儿料没有今天那么多花样，一般都是白砂糖配上芝麻和青红丝。用筷子压住元宵中间，稍微用点力气，热气挤出来一些，两根筷子向两边使劲，馅料就流出来了。白糖汁浓稠，上面点缀着黑芝麻和青红丝，因为过了油，都闪闪发光，颜色好看香气扑鼻，是一年才能吃一次的美味。散热气儿的时候大家都在看彼此的碗，心里默默数着个数，互相监督谁有没有偷偷多吃一个。

家里孩子多，姥姥姥爷有五个孩子，每个孩子又生了自己的孩子，对，就是我和我的弟弟妹妹们。我们小孩子吃饭在一桌，分吃油炸元宵时也是一样，一人两个，公平公正，无论男女一视同仁。妈妈说油炸太麻烦了，就煮着吃吧，也是一样的。姥爷不肯，说孩子们就爱吃炸的，炸的多香啊，不怕麻烦。姥爷挽着袖子，一件洗白了的蓝衬衫里还穿着一件白背心，上面还有几个虫蛀的小窟窿，外面套着单位发的白布围裙，围裙岁数比我们都大，上面都是陈年油渍。姥爷用围裙擦着手，笑盈盈地站在桌子边上，表扬着妈妈元宵买的好，个儿大、馅儿足。那时候我们眼里只有元宵，只想着赶快吃进嘴里，感受粘腻的甜味，谁也不知道姥爷为了炸元宵把手上烫了好几个大泡。

姥爷活着的每个元宵节都能吃上油炸元宵，姥爷去世时，那些热油烫的疤还在手上。

【红烧鳕鱼】

这个红烧鳕鱼用的鳕鱼和今天日料西餐卖得很贵的鳕鱼不是同一种。名贵的鳕鱼来自太平洋或者大西洋，我奶奶做的鳕鱼来自 20 世纪

80 年代末 90 年代中期的长春一汽厂区的菜市场。我猜鳕鱼产地应该就在附近，而且产量还不小，因为奶奶每次做红烧鳕鱼都是一大盘子，里面盛上七八条，摞起来，有的胖一点有的瘦一点，去掉鱼头长度在 20-30CM，描述至此基本可以确定，此鳕鱼非彼鳕鱼。

来北京后，第一次吃日料时点了香煎银鳕鱼，看价钱时咬了咬牙，但是太想念那个味道了，就毅然点了。出门在外，吃饱了不想家。服务员上菜时我连忙叫住他质问道："我点的是鳕鱼，你怎么就上一块儿？！我要一条！"服务员一脸尴尬："我们家鳕鱼就是这样的，一块儿 69 元。"一块巴掌大的鳕鱼因为出身不同，要卖 69 元，奶奶在天上肯定在骂我败家了。

奶奶做的鳕鱼是按条吃的，我一个人能吃两三条。厂区里的老房子没几家有抽油烟机，家家户户做饭都敞着门，晚饭时间大家吃什么我都知道。放学一进楼道就会闻见红烧鳕鱼的味儿，汤汁和葱段的香味合并鱼肉被炖得很软烂的香味。一般和鳕鱼一起做的还有土豆泥，洋气极了，我从小就吃鳕鱼配土豆泥。奶奶会把整个土豆放在锅里蒸，蒸好出锅去皮用大勺子压成泥糊糊状，再淋上特调酱油汁，里面配好了糖、味精和香菜沫儿，均匀洒在土豆泥上，颜色也很有食欲。红烧鳕鱼的蒜瓣状鱼肉吸收了浓浓的汤汁，口感像丝滑的豆腐，又有十足的鱼肉纤维，基本没有什么鱼刺，一大口鱼肉配一大口米饭，再吃几勺土豆泥，怕太腻，奶奶还会准备小黄瓜咸菜……

夏天的晚风裹着千家万户的饭香从纱窗里吹进来，厨房桌上还有切好的西瓜不知道有没有落苍蝇，舍不得开灯就留屋里一盏台灯，氤氲的灯影下，奶奶又夹了一块鱼肉放在我碗里说："乐乐多吃，多吃长大个儿。"

【小哥哥豆腐脑】

豆腐脑小哥哥挑着扁担，一头一个大银桶，一边是豆腐脑，一边是卤。走街串巷吆喝，也会有固定的落脚点，楼下乘凉的小亭子很适合当临时销售点。两个桶一左一右放好，扁担立在身后，大家在阳台上看见他了，就差遣家里最闲散的人，拿着自家的碗或者饭盒下来买。一块钱能买够一家三口吃的量，小哥哥遇到相熟的老客人还会多给一勺卤。盛豆腐脑的勺子是扁平的，更像一个铲子，一勺下去就能基本铺满碗底，再配上酱红透明的卤汁裹着黄花菜和鸡蛋花，多放一点儿辣椒油，香菜也要点缀一点儿，咸香辣滑，味蕾爆炸。排队的时候大家围在小哥哥周围聊些琐碎的家常，孩子们打打闹闹，阿姨新烫了头发，叔叔的烟味好呛。

很久很远的画面就这样被定格在大脑皮层某个沟回的深处，当季节、温度、气息吻合的时候，这画面就被自动抽调出来，在走神儿的某个时刻播映。蔡澜先生说：你从小吃过什么？这个印象就深深地烙在你脑里，永远是最好的，也永远是找不回来的。

【宽平大桥的煮饺子】

东北的冬天在我小时候随随便便就能冷到零下 30 摄氏度，-24、-25度就算是正常温度，要是到了 -20 度左右，大家会觉得是"回暖"。人们穿得厚厚的，睫毛上都是冰碴，走路几步一滑，经常是冰上盖雪，雪化又结冰。但这丝毫不影响大家的生活，天不亮就都出门，上班的上班，上学的上学。挤公交的常常挤不上去，走路和自行车仍然是主要的出行方式。寒冷不算什么，就是该这么冷的时候呀，人们按照过往的经验生活，不计较大自然出的难题，照常说笑，说出来的话立刻就变成冰花儿碎落在地面上。

我家第一辆交通工具是一辆自行车，很大的那种 28 式，一家三口都可以坐得下，我在前面，妈妈在后面，爸爸是自行车夫。那时候爸爸妈妈都要上班，我还要上幼儿园，有时跟妈妈挤公交车，有时爸爸骑自行车送我。印象里有一次骑车的方向是顶风，呼呼的寒风灌进我的帽子衣领裤腿，爸爸也被冷得不行（现在仔细想想，我是坐在自行车前面的

1. Fashion Icon 的童年配搭。
2. 双马尾的夏天。

1.	2.

大梁上的，爸爸在我身后，明明冷风都是先吹到我，我充当了他的人肉挡风牌）。

不记得骑了多久，骑上了宽平大桥，上坡的风更硬更大，我的脑袋已经逐渐失去知觉，爸爸说："太冷了，咱们去吃饺子暖和暖和吧。"桥下路边有一个很小的门脸，无处避寒，又不能白去人家店里取暖。爸爸拉着小小的我走进去，几张小桌，没几个客人。我们就点了一盘饺子，吃得很慢很慢，不记得饺子是什么馅儿，也不记得味道，只记得在眼前升腾的热气迷住了爸爸和我的眼睛。爸爸是那么年轻，浓眉小眼，用筷子把一个饺子夹成两半，一半给我，一半自己吃。我的那一半他还要用嘴吹一吹，吹凉了再给我。必须慢慢吃，吃得浑身暖了再出发。从小店里出来时好像太阳也更大了一些，风速也小了，那天上幼儿园肯定是迟到了。

宽平大桥现在也还在，经过了翻新加固，但桥下的饺子馆早就拆了。能坐下一家三口的自行车型号好像已经不再生产了。冬天也没再那么冷过了。爸爸和我却一直记得那个早上。爸爸今年 64 岁了。我 37 岁。

接受并学着释然于无法复得的光景或人或事，是逐渐温润平和的必修课吧。在步履不停的时间轨道里，一边失去，一边得到，身轻而笃定。

26 女子无财便是德

FAIR LADY WITH NO FORTUNE

财务自由不用存款上亿,于我而言只需满足:旅行不必非要穷游;猫粮狗粮能买大品牌;自己爱豆的演唱会和话剧付得起最贵的票;对不想做的事有说"不"的权力和底气。

经济最近貌似不太景气，偶尔能听到身边的人叹气说股票赔钱、货币汇率波动、通货膨胀一类的高深的话题。金融话题对我来说高深而遥远，接到电话问要不要理财，我都一律回答"无财可理"。

人生赚的第一笔钱是 200 元。热腾腾的现金，200 元，印象很深，是两张很新的票儿，对方塞给我的时候折了四折，手感上是厚的。那是刚上大学一年级走穴赚的，拿着百元大钞给我爸用 IC 卡打公用电话激动了半天，感觉自此之后就踏上赚钱养家的康庄大道了。因为高三时参加了一个英文比赛拿了不错的成绩，大一时比赛的机构让我们这些得奖的人去大学里跟大一新生交流英文学习的心得。坐公交车三四十分钟就能到地方，去礼堂里站在台上说说就能赚钱，多开心。公交车车费一两块钱，吃饭有人管，这生意稳赚。一次 200 元，两次 400 元，一个月能去几次就能把生活费都赚出来，就不用家里给钱了，那才是真正的独立啊。如意算盘打好了，可是交流活动只做了一次。那 200 元后来买了什么已经忘了，但是当时拿到钱的幸福和渴望赚钱的野心记忆犹新。

我肯定算是打工早的人。还是大一那一年，有一天在学校里溜达，两个漂亮姐姐迎面走过来问我有没有兴趣教小朋友说英语，当即留下了联系方式。隔天就去了学校对面的外研社面试，因为之前参加的比赛是电视台主办的英语比赛，初赛复赛折腾了几个月，慢慢对摄像机已经脱敏，所以试镜时没有很紧张。我这个人年轻时得失心其实很重，试镜成功后洋洋得意了很久。当得知是要和一堆小朋友一起录制英语教学片的时候，我有点傻眼。小朋友是最难控制的，对付一个人怎么都好说，和十个小孩儿一起录会怎样？当然是疯掉。很多时候因为小朋友们说错或者状态不对要 NG 重来，还有一次我有大段教学独白，必须一个字不差地一次性说完才行，试了几次都因为种种原因从头再来，人已经在崩溃边缘，假发里渗出细密汗珠（为了显得我成熟稳重，当时的造型老师是做舞台剧的，给我找了舞台剧才会使用到的假发套，戴上之后立竿见影老了十五岁）。终于快说完了，还差两句话的时候，一个小男孩站起来，把头钻进了我的裙子里。

是的，此处没有一丝一毫的杜撰，他就是平静地站起来，钻进了我的裙子。全场都笑翻，我也跟着笑起来，小男孩事不关己地跟着笑，那一天摄影棚里气氛很好。裙子好像是从公主坟的百货店里买的，格纹 A 字半身裙（裙下空间并不大，可见当时的学生是多小的小朋友），上半身造型老师搭配了死亡芭比粉的高领粗线毛衣，脚下踩了鹅黄色齐踝短靴，整体看来孔武有力、淳朴可信。

多年之后，有一天微博上有个人发私信说"Miss Liu，你还记得我吗？我是你的学生。"点进去看头像却也认不出是谁，彼时那班小朋友现在都是大人，Miss Liu 很高兴在自己还是"小朋友"的年纪和你们一起度过了开心的几年光阴。

那几年基本靠打工拍摄解决了大学时生活费的问题，150 块拍摄一集教学片，拍完一册教材一结账。不拍教学片的时候也会给电视台的外景节目充当外景主持，一期也有 200 元到 300 元左右的收入，还兼职拍杂志，一天 200-300 元，管饭。原始积累从大学时就开始了，现在回想起来觉得因为打工而没有好好珍惜象牙塔里的日子，有些后悔。世间没有两全其美。

对于赚钱这件事，我一直直言不讳，没有物质基础谈的上层建筑都是豆腐渣工程。家境一般的孩子都会比较早赚钱，《唐顿庄园》告诉我们，有钱的贵族是从不工作的。我大学毕业就参加工作（根本没考虑考研究生），从一个月 900 块工资开始，在电视台已经工作了 13 年。和许多同行相比，我是不够努力的，赚钱方面也是远远不够积极的，但是内心富足程度我有信心杀入全国五百强。财务自由不用存款上亿，于我而言只需满足：旅行不必非要穷游；猫粮狗粮能买大品牌；自己爱豆的演唱会和话剧付得起最贵的票；对不想做的事有说"不"的权力和底气。

昨天还有人劝我要做好资源整合赚笔大的。"知足常乐"的家训和他人如火如荼的创业总是有些矛盾。在 20 岁至 30 岁的十年间奔命寻找出路的我，30 岁至 35 岁在进退沉浮中逐步完善认知的我，每天都处理着"想发大财"和"权衡取舍"之间矛盾的我，此刻正因为成功调整了作息得到早晨写作时间而自鸣得意的我，注定会为了鸡毛蒜皮的满足而把野心放在不常打开的抽屉里。每个人都不同，世界才有趣。

27 三厘米白发

3CM GREY HAIR

而再过十年，满头白发也不值得写这些字来疗愈了。

2018 年 10 月 4 日是一个值得纪念的日子，我在镜子里反复确认过之后（厕所镜子和化妆放大镜交叉辨认），用镊子拔掉了此生第一根白发。拔的时候连同毛囊一起倾巢拔出，可谓彻底。彻底是长白发的中年人了。

　　我把拔出来的白头发仔细放在手心端详，手心也白，于是找来一个用来装高级定妆粉的黑色绒布套。这次看清楚了。白发带着毛囊弯曲着躺在黑色天鹅绒上，白纸黑字一样清楚，发根粗些，向发梢发展越来越纤细。整根白发也就三厘米长，我把它捋直，用棉棒做参照物比对了长度，又测量了棉棒那一段的长度而得出的结论。三厘米，末梢很细很细，细到戛然而止了。

　　要不是在放假，哪有机会发现它，要不是时间充裕，哪有这篇专门写它的文章呢。我在心里十分介意它，所以才要以它为主角做文章，深度剖析反复提及，来最终说服自己这根白发不代表任何。这是我长期以来自我治愈的办法：强行脱敏。有点残忍，但是屡试不爽。

　　我之前特别害怕蜘蛛，看见一只就不能移动了，吓到静止，要等到蜘蛛不耐烦走掉我才能慢慢"解冻"。后来我强迫自己看蜘蛛的图片，看见活蜘蛛就硬着头皮去观察，后来锻炼到敢对它大声呵斥（也就是对着蜘蛛大喊"赶紧走啊不走就捏死你了"）。有次拍摄真人秀，几个月住在阿坝州深山的木屋里，夏去秋来蚊虫一直活跃，木屋的灯光吸引各式昆虫参观，早上起来打扫房间时常常扫出一簸箕的虫尸，有腿的没腿的，腿多的腿少的，里面当然不乏蜘蛛一类的节肢动物（蜘蛛其实不属于昆虫，昆虫必须是两对翅，六条腿），我都能面不改色心不跳了。最近的进展是拍节目认识了昆虫学的博士，开始索要各种科普文章，更多了解蜘蛛和其他多足动物。旅行时各国的自然历史博物馆也要去看看相关展区，从解剖机构到繁衍历程，所谓知己知彼百战不殆。写到这里，惊觉自己的可怕。

　　这种"强行脱敏"也被我用来对付生活里令我难过的许多事。追忆起来二十多年前就开始用这招了。比如小升初考得不好，爸妈要拿一笔钱出来供我读初中（考得够好是可以免很大一部分学费的）。这件事打击了我一向良好的自我感觉，导致我大夏天发烧咳嗽快一个月，每天走路去打点滴的路上，我都要想一遍失败的耻辱，想想爸妈要付出的金钱和在亲友面前丢失的面子，再对自己发发毒誓。这样做的结果是初一上半学期压力大到想退学，后来还是靠着"成功是成功之母"的规律（先凭借努力完成一次小胜利，再顺势发力去争取下一个更大的胜利）完成了中学时代的逆袭。能记忆这么深刻说明打击之大、逆袭之艰辛。

成人之后令人沮丧难受的事情越来越多，自我救赎最方便快捷。刚进电视台时心宽体胖、长相幼稚不讨喜，面试新闻主播惨遭淘汰。我忍不住每天想一遍试镜时的情景，跟自己说只要坚持下去就会有好事发生！不坚持下去，哪有钱交房租？！当不了主播当记者也好的，每天出镜报道、自己写稿剪辑……若干年后，仍然没有当上新闻主播，但是磨砺出了自己的语言风格和应变能力，转而才有机会主持谈话节目。没有什么过不去的关，硬过就行了。

去年十月得了小病躺在手术台上做手术，没有全麻，所以手术的每一个步骤我都知道：什么时候消毒，什么时候打了麻醉，什么时候下刀，什么时候感受到了火烧火燎。医生很温柔，一步一步讲给我听，手术切下来的组织第一时间泡在福尔马林小玻璃瓶里给我看，我很认真地盯住研究了半天，哦，原来人肉长这样。怕么？当然怕。躺在手术台上，人为刀俎我为鱼肉是最害怕、最无助的。但事已至此，不如清晰地知道来龙去脉，看到结果，面对结果。手术后我常常回想从发病到治愈的过程，不断提醒自己身体的痛是无人可替的，不想再痛就要爱惜。

没问过其他人是怎么长大的，我的"铁腕疗愈法"用到今天也有很多弊端，个性冲撞强硬、敏感好胜。有时回过头发现，有的坑是自己挖的，自己跳进去，再奋力爬出来，再拍拍自己说"好棒好棒！又没摔死！"每个人都带着自己的因果完成着轮回，可能再过十年，我会迭代出更多的解决办法吧，也可能再过十年，已经没什么要"强行脱敏"的难题了。

而再过十年，满头白发也不值得写这些字来疗愈了。

28 顺其自然
LET IT BE

后面的人生我也想走走顺其自然的路。能做些什么就做些什么，制作人也试试，写书也试试，开店说不定也会试试。环球旅行试试，南极探险试试，学学跳伞试试。但是不会背离的宗旨是：永远尊重自己的内心。

最近看得最令我开心的书当数《深夜食堂》的作者安倍夜郎先生的随笔集《啊！这样就能辞职了》。整本书二十九篇随笔加一个漫画和一个专访。不知道书存不存在剧透的问题，因为好看的几篇我都能复述下来了，每读一遍都被逗笑，当然笑过之后就是像《深夜食堂》一样的情感发酵。

　　安倍先生的幽默感在于毫无保留地写出有点儿尴尬和窘迫的真心话，一点儿委婉和修辞都不用。描写喜感人物的同时，定会让你在笑过之后心里隐隐感怀，感怀生而为人哪个不是笑中带泪呢。容我剧透一个专门写他的父亲的片段：粗线条且喜欢整蛊的爸爸有一次从洗澡间出来对妹妹说洗澡水刚刚好，让妹妹赶紧去洗免得水凉了。当妹妹不假思索跳进澡盆时才意识到里面竟然是冷水，妹妹尖叫起来，妈妈想责怪爸爸却也忍不住跟爸爸一起笑起来。爸爸为了戏弄别人，特意还把头发弄湿了，假装成刚洗完澡的样子，真是煞费苦心。而这一篇的结尾，安倍先生说一直想画爸爸的故事但一直没有行动，今年自己到了爸爸去世那一年的年纪，觉得是时候动手开始画了。

轻描淡写、举重若轻。我喜欢且尊敬可以这样写东西的人。他们的内心平静、不功利，才能这样地娓娓道来。在著名的《深夜食堂》之前，安倍先生有 19 年的时间是以一个默默无闻的广告导演的身份纠结在职场。据他自己回顾，他常迸发出有趣的点子但都无一例外被否定了，他的创意细胞都被按部就班地拍摄场记给吞噬掉了。大学里漫画社的师妹都成了著名的漫画家，他也一边羡慕着，一边每天下班后笔耕不辍地画着漫画，一有作品完成就送去投稿，然后不出意外地石沉大海。在某一个普通的无法再普通的日子，在他每天下班都要喝一杯的小酒馆里，安倍先生接到了电话，他的《山本掏耳店》获得了新人漫画大奖。那一年的安倍先生怎么也有四十几岁了吧。

他自己形容《深夜食堂》是土气寒酸又安静的。他还自己写了一首主题曲叫《人生要顺其自然》，里面的歌词有几句是这样的："从孩子长到老，也要顺其自然哟；在小巷里左转右转漫无目的，是我最喜欢的哟；天热在阴凉，天冷向太阳，一动不动哟；运气不好却有老天保佑，我总是相信；顺其自然，这一生也都会如此吧"。这首歌不知道网上能不能找到，好想把中文版认真推广一番。

顺其自然是需要不慌不忙作为基础的。一个很急着想要出人头地的人是无法顺其自然的，但这并没有任何错误，如果是以名利为目标的话，努力向前、刻不容缓是必须的，要争取用最短的时间获得最多的利益与价值。很多职业需要这样的态度，每一个行业都有自己的考核标准，每一个人也都有选择自己生存法则的权力。

早年间刚入行尚年轻的时候，常听到身边的朋友说我不够努力，不够积极，不够"想要"。他们说如果"艺人"云淡风轻，那他/她身边的工作人员还有什么干劲儿？！这话非常有道理，放眼今天仍然适用。曾经顶撞过一个经纪人说"走红不是我最想要的"，经纪人（目前这位经纪人仍然非常杰出，培养了很多知名艺人）看着我认真地说："你只有对你能得到、且已经得到的东西说不。你还没红，没资格说你不想红。"

　　最近一次我在朋友圈里发了类似性格决定命运的言论，这位经纪人还来留言"夸奖"我对自己的认识非常深刻，哈哈哈。我们现在还是好朋友，他也算是看着我长大的人之一了。有一次他湿疹发作让我帮他寻医问药解决痛苦，后来应该是治愈了，也算是我多少还了一点点人情，感谢他启发我先发奋、再释然的生活哲学。在我做主持人12年后的今天，虽然在大众视野中仍不算是"红"的，但在我自己的领域里算是有了一席之地。

　　后面的人生我也想走走顺其自然的路。能做些什么就做些什么，制作人也试试，写书也试试，开店说不定也会试试。环球旅行试试，生个孩子试试，学学跳伞试试。但是不会背离的宗旨是：永远尊重自己的内心。

　　你也试试。

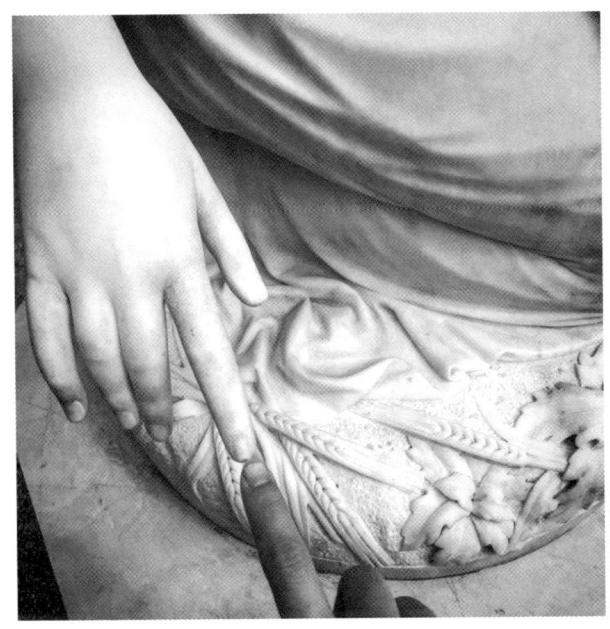

29 选择不恐惧
CHOOSE TO BE BRAVE

不能选择如何生，但选择了如何死并直面死亡，是非常伟大的。

这世间哪有什么"选择恐惧症"？选择困难无非因为八个字："不够迫切"或"不合心意"。

　　做选择是很个人的事情，能靠投票决定的事情，往往是自己本身也没太在意结果。一个朋友同时被两个男人追求，一个家境殷实，相貌平平，国企中层干部，老实微无趣。另一个是滑雪俱乐部的教练，人高马大爱自由，没存款，有情趣。朋友们聚在一起晚饭时，她把两个人概况讲毕让大家帮忙出主意，投票决定该和谁继续走下去试试。场面和电视上播的相亲节目的第二现场（亲友团讨论场）差不多，大家叽叽喳喳各抒己见，气氛热烈，此刻人人都是预言家。当事人觉得都有道理，当晚得票情况是国企男 3 票，滑雪教练 2 票。结局是当事人把两个都回绝了，至今仍然单身。她说："看你们讨论比和他俩约会都有意思，所以我就决定还是算了，大家都不要浪费时间。"

　　《老友记》第一集 Jennifer Aniston 扮演的 Rachel 披着婚纱从婚礼上

逃跑了，她坐在咖啡馆里跟朋友们讲述心路历程：典礼开始半小时前，她在礼品间看到一个肉汁壶，她觉得这个壶简直太好看了，她发现自己对这个壶的喜爱超过了她的未来丈夫（Barry），于是她果断逃婚——第一时间终止了可预见的婚姻悲剧。

虽是戏剧夸张，但我很认同。Julia Roberts 的《落跑新娘》也是差不多的意思，面对真正的人生大事、紧要关头，有些人是非常果断的，选项是加黑加粗挂在眼前的。

前年台里要做一个真人秀节目，参加了几次方案汇报会，我在心里都觉得不够好也直言不讳地讲出来了。开拍在即，领导有点着急了，后来"一怒之下"让我自己当制片人兼总导演兼主持人，一个月后节目必须要上线。制片人是要把控预算和一个节目所有大事小情的，真人秀节目的总导演需要多年历练，我只是一个主持人而已，一下子很懵。那天我在地库的车里坐了一个小时。手上刚好长了一个倒刺，一边撕一边斗争。两条路：要么上楼去跟领导认错怂，检讨自己一时冲动口无遮拦说了不该说的话，请领导三思后行另请高明，我会老老实实做个主持人把节目拍好；要么就赶快建组、弄预算、做方案、联系艺人以及给客户最后一次提案，初生牛犊拼一把。倒刺是只能顺着撕不能逆着撕的，逆着撕会血肉模糊，顺着撕心一横、果断一下就能摆脱（不建议撕倒刺，用指甲刀剪掉更安全）。

不管是什么节目什么模式，只分好看的和不好看的两种。真挚是好看的基础。从小到大一直被说"很有主意"，那就坚持自己的"主意"，做一个理想中的节目吧！艰苦卓绝的过程就省略了，做这行艰苦是必然且必需的必经之路，是分内的事。经过 5 个月的时间（包含筹备、拍摄、后期），12期节目终于上线播出了。《但愿人长久》第一季作为北京台首档自制户外真人秀，多次进入晚间同时段综艺节目前三名，其中刘晓庆老师那一集取得了全国收视率第一名（感觉自己突然变得官方）。在这里，再次感谢和我一起拼命地小伙伴们（同事、艺人朋友和他们的家人）。谢谢你们陪我一起勇敢了一把。也谢谢领导，您的选择也非常勇敢（官方且诚恳）。

有的人喜欢和人商量，有的人素来一个人做决定。我13岁开始住校，一路住到大学毕业，人生里很多决定都是自己和自己商量，自己把一件事的利弊列在纸上，利大于弊就去做了。在我很小的时候爸爸就说："你可以做任何选择，只要你对此承担一切后果"。忘了是谁说的，人一辈子没什么急事，真的着急的事你早就不假思索地做完了。而除了生死，人一辈子其他都是小事，小事选择起来难不到哪里去。

2018年6月7日，台湾著名体育节目主持人傅达仁因备受胰腺癌折磨，在全家人陪伴下飞往瑞士选择安乐死。他对儿子说："到瑞士你们不要哭，你们去开party，准备鲜花和蛋糕，在歌声中送我离开。"安乐死要喝两杯药（两杯药间隔25分钟），之后经历3分钟的无痛死亡。整个过程的视频公开了两分钟，工作人员告诉傅先生药很苦，要慢慢地分几口喝。傅先生对家人和镜头大声说："再见！So long！"然后一口一口坚定勇敢地喝下药。最后，他躺在儿子的臂弯里，在家人的歌声中结束了自己的生命，去到了没有病痛折磨的天堂。

不能选择如何生，但选择了如何死并直面死亡，是非常伟大的。

珍惜每一次可以自己做主的机会，也珍惜有人商量的温暖。吃火锅还是日料？分手还是和好？唱歌还是看电影？跳槽还是观望？结婚还是保持单身？有些事能办成，反倒是因为没得选择，但毕竟"逼上绝路"，必须绝地反击、破釜沉舟的事不会每天发生。

Listen to your heart and regret for nothing.（遵从内心，无怨无悔。）

30 细节的能量
THE DEVIL IS IN THE DETAIL

酒店为入住的宠物提供宠物便利设施，同时如果客人觉得寂寞，可以申请一条金鱼作为陪伴。

我是一个细节控，认定"细节可以体现和概括大部分的整体"。举几个例子。

　　手是一个很重要的窗口。和陌生人见面很容易看到对方的手，干净的指甲是检验懒惰和自我要求的最低门槛。回想起来在幼儿园的时候，老师会定期检查卫生，很重要的一项是大家站一排手都伸出来，看谁的指甲太长太脏，就会被批评。孩童时期那都是家长要顾好的细节，成人之后这样的事还拿出来说确实很不应该。当看到指甲长的人在他说话时，我会分心无法集中，一心只想找个指甲刀给他。在不剪指甲中最可怕的是小拇指留长指甲的人。我问过一个人他为什么留长小拇指，他说挖耳朵方便……不知道他是不是想把自己变成瑞士军刀，有个指头专门挖耳朵，那应该再留长其他的，分别用来拆快递和开啤酒。

和手指甲相比，脚指甲可怕的情形更容易出现。有一次和一个女孩谈事儿，女孩妆容精致衣着时尚，说话谈吐落落大方，中英文交替流畅，起身 Excuse me 的时候，我忍不住去看了她绑带凉鞋里的状况。脚指甲长到戳进了凉鞋底，小脚趾挤去了凉鞋外面，之前做的嫣红指甲占据了一半脚指甲的面积，另一半是长出来的天然肉色，一秒破功。这个破掉的不是她的职业履历和受教育背景，是你从她对待自己的态度会去推敲她对待生活的态度，进一步会联想如果一个人对自己都这样粗心和潦草，那么对待工作她会有坚持吗？会要求完美吗？会不断修缮和精进吗？

可能有人会说就是因为她太努力工作了才忽略了自身的细节维护。我想说的是："爱自己是终生浪漫的开始"，把自己和事业都经营好一点不冲突。贡献一个我自己的懒人办法：如果不能及时更新美甲，那就做渐变的半透明款式，这样长出来太长的指甲修剪掉就是了，也几乎看不出来。顺便提一句，男人的脚趾甲更是约会相亲的重要观察点。我家先生第一次跟我吃饭就是穿了夹脚拖鞋（也是十分随意和自信），脚指甲剪得干净整齐，脚上也没有皲裂和死皮，因此给我留下了很好的第一印象，后来我们结婚了（感觉像是因为脚指甲嫁了，我只是想说这个细节很重要）。

再说一个昨天看到的细节。去看百老汇音乐剧《狮子王》，他们很聪明地想到了把演员和木偶动物道具结合起来表演，由穿着动物皮毛同色系紧身戏服的演员操控动物木偶，在台上重现了非洲大草原上的动物王国。其中一个女演员要表演一只猎豹，她的双腿就是猎豹的后肢，猎豹的前肢由她的双手操控。双腿双手都用上了，猎豹的头怎么控制？雌性猎豹走路的那种妩媚和力量感如何传递？因为买了很靠前的位置，所以看到了一个机关。他们用透明的渔线把猎豹的头和女演员的头套连接在一起，在远处是绝对看不到的。每当女演员随着步伐摆动头的时候，猎豹的头就在渔线的牵引之下做出一样的摆动，幅度和频率都是一样的，顾盼生姿。

女演员表演的妩媚妖娆和剧情所需的情绪，都通过渔线传导给了木偶道具，让一只猎豹栩栩如生。不得不感慨这是世界一流的音乐剧表演，不仅仅因为舞美灯光创意和唱功，更因为这样的细节处理势必经过百次千次的锤炼。一个好作品的细节概括了参与者的经验、积淀和审美，更能体现热爱。顺便提一句，如果有机会去看音乐剧，一定要选最好的位置，因为有机会发现更多细节之美。省钱去别的地方省吧，比如少买几个包。

最后再讲一个在纽约住酒店时暖到我的细节。我对酒店也是十分挑剔的，或者说是苛刻的。这次在纽约住在了 SOHO，选酒店就选了 3 天，最后选了一家闹中取静、装修复古、自带电影院和爵士酒吧的 The Roxy Hotel。老实说 art decor 的装修风格和酒店设施并没有太令我惊艳，但是在翻看住宿提示卡的时候看到了一条酒店政策：酒店为入住的宠物提供宠物便利设施，同时如果客人觉得寂寞，可以申请一条金鱼作为陪伴。是的，可以申请一条金鱼放在房间里，作为临时宠物，安抚寂寞旅人的心。于是我给前台打电话，跟她们说我在家养了三只猫但是在纽约要住很久很不适应，想要一条小金鱼。前台爽快答应，还说不用我喂也不用我换水，每天打扫房间的人会做这些，我只需要和小金鱼好好相处。前台很骄傲地说很多客人给他们的金鱼取名字，每次来纽约会再选他们酒店和小金鱼重聚……

今天是小金鱼陪伴我的第 4 天，我还没有想好给她取什么名字，但是这家酒店我已经推荐给了好几个朋友。

1.

1. 纽约的 ROXY HOTEL 给独自旅行的客人提供小金鱼伴
   侣服务，大家可以根据自己的寂寞程度申请小金鱼陪
   伴，多么贴心。

31 遗愿清单
BUCKET LIST

"我多么希望这只是一个噩梦，可此刻我的痛苦和幸福一样真实。好在我并没有错过活着时大部分的美好。我曾愚蠢、幼稚、冒险、探索，爱人和孩子使我完整，即使明天就要死去，我的人生也有9分了。"

我在医院里见到的大多数人一定没想过这个题目。他们或是因为突然发作的心梗、脑梗或其他意外轰然倒下；或是备受要纠缠一生的代谢综合征、慢性疾病的折磨，使得去医院变成生活日常。如果我说现在在医院我会收获不可思议的安全感，你可能会觉得奇怪。医院是必须诚实的地方，这里生生死死随时发生，如果认定死亡是最可怕的事，那在医院出现任何意外都能最快得到医治，这一点令人非常安心。住院部病房比门诊、急诊都安静很多，我理解的原因是患者和家属都已经知道了问题出在哪里，剩下的就是面对。而在急诊、门诊的人们有时暴躁有时沮丧，这和对身体的未知带来的恐惧密切相关。写这篇的时候刚刚拿到体检报告，根据平日所学认真分析了若干指标的异常，哪些要去医院复查，哪些可以通过生活方式改善，哪些可以持续观察。小息肉、小结节一类的密切观察；营养素缺乏或者肥胖导致的一些血液指标异常需要调整生活方式；而明确提示必须复查的项目要认真对待。

　　几年前我在肿瘤医院采访，午饭时跟着医生们一起吃食堂。一个一米八多、身材健硕的年轻男孩在众多中老年人中间格外显眼。要不是他穿着病号服，我会认定他是患者家属。男孩儿戴着眼镜，一边排队一边刷着手机，这一幕和大学食堂的场景高度一致，只是换了行头。我有点走神儿，医生们顺着我的目光看到了他。

"这个孩子是 X 主任的患者，明天做手术，今天刚收进来。胃癌晚期，要全胃切除"，此处省去我的惊讶，"他几年前就出现胃部不适，主要症状就是吃完东西不消化，体检的时候医生建议他去做个胃镜，他一直没去。二十几岁的壮小伙儿，根本没往癌症上想，该吃吃该喝喝，正常上班、恋爱，已经做到部门小主管了，来医院时是女朋友和妈妈一起陪着来的，据说已经领证了，准备今年办喜事。结果昨天胃镜检查确诊，胃保不住了，保命要紧。"医生们每天和癌症交手，吃饭时间很短，语速也很快，男孩人生的大开大合就在嘈杂的饭桌上被冷静、简短地讲述了一遍。 我跟 X 主任申请，当天得到男孩本人的同意，他接受了我的采访。

和我猜想的不同，男孩不吸烟不酗酒，爱吃烧烤但是吃的频率并不高，他是外食一族，所以可能饮食上油、盐常年过量，工作压力大时脾气有点大。他很平静地说着这些，像在说他的一个哥们儿。我问他你现在在想什么，他说想手术之后去西藏自驾。我们加了微信，后来手术进行得很顺利，胃切掉后食管和肠接在一起，身体需要适应一段时间。半年之后的某一天刷到他发的一张定位在然乌湖的照片，山远影淡，无声胜有声。

很多医院现在都会设置"姑息病房"，提供"姑息治疗（Palliative Care）"，旨为无法得到治愈的患者，安顿好生命中最后一段时光。看过关于"姑息病房"的一个纪录片，详述了一个乳腺癌晚期全身转移扩散的患者在病房度过的最后 24 天。患者四十出头，是两个孩子的妈妈。骨转移导致的剧烈疼痛掀开了肿瘤晚期的狰狞面纱，她和丈夫理智地商讨后，决定在姑息病房开一个小派对，把即将到来的分离用另一种方式表达。

那一天孩子们穿着漂亮的裙子，她化着妆，丈夫一直忍不住流泪，朋友们环绕在她身边。她宣布自己的死讯，也分享她的感恩："我多么希望这只是一个噩梦，可此刻我的痛苦和幸福一样真实。好在我并没有错过活着时大部分的美好。我曾愚蠢、幼稚、冒险、探索，爱人和孩子使我完整，即使明天就要死去，我的人生也有 9 分了。"

纪录片《人间世》也拍摄过相同主题，患者甲回忆起年轻时追求老伴时的浪漫桥段；乙描述起吃过的最甜的西瓜；丙咽气前还不忘把遗产留给从不探望自己的儿子；丁希望能看到女儿的婚礼……他们呈现的并不是病程最后的痛苦，而是对活着的无限不舍。

我们总是在他人的遭遇里唏嘘，但当生命就这样一分一秒真实流逝的时候，我们何尝不是活在倒计时里面？

有本书叫《101 件事儿，死前要试试》。这本书很像某个你并不熟悉也并不太信服的老师突然丢给你的一本书，告诉你这些"作业"要在死之前完成。你非常不服气又忍不住好奇想看看到底什么是必须要做的事，而有哪些你已经骄傲地完成了。前言里写了很多满血满蓝的祈使句：

要快！
要勇敢！
要创新！
要冒险！

要立刻行动!

要享受其中!

这些我都同意,其实在见过了那么多生生死死之后,死亡于我来说变得柔和静谧。死不可怕,可怕的是活着时不尽兴。

顺便说一句,那《101 件事儿》的第一件事居然是"写一本畅销书"。很好,我正试着在做。

我在燃烧时从未想过醒来,

我看着灰烬跳起舞,

我看着意识变成流动的火光。

我曾这样激烈而充满仪式感地存在过,

我该感谢自己从未欲言又止。

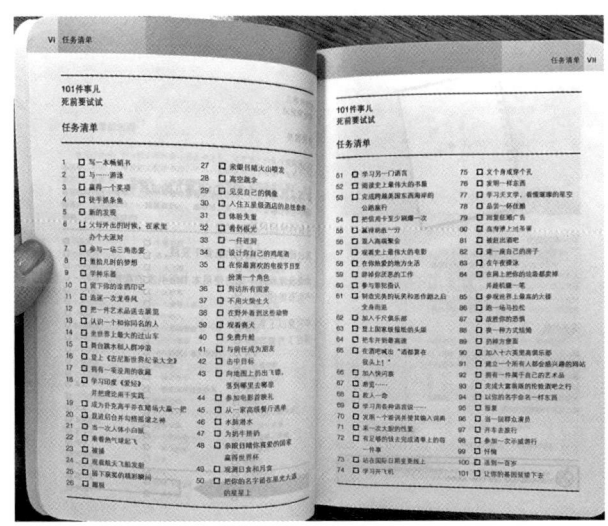

32 永远未成年

FOREVER SEVENTEEN

妈妈，我们在朝着两个方向奔跑，我会变老，你会活得越来越轻巧。我只希望你健康开心，仅此。

妈妈早上发微信来，问我在伦敦有没有人接机。妈妈和我有 12 个小时的时差，我的早上是她的晚上。她说她每天睡不好，觉得国外会有坏人，我会迷路或是被抢劫，更糟的"设想"她也不敢说，怕一语成谶。在国内的时候妈妈也担心，下班回家晚了也是担心遇到坏人，妈妈的眼睛里，家门之外到处是坏人。

　　妈妈前几天去参加了中学同学聚会。这是一个破天荒的行为。妈妈一向独来独往，很少参加什么组织活动，但是居然答应了去聚会。几十年没见老同学了，妈妈说都死了好几个了，还有几个是得了癌症，大家都是想见一面，尤其是想见"女班长"。对，妈妈是女班长，是省里的女子百米短跑纪录保持者，是老师的得力助手（按理说这样的角色人缘不会太好）。

印象里看过妈妈年轻时的照片，皮肤很白，脸被胶原蛋白塞得鼓鼓的，两个很短的小辫子梳在耳后，眼睛炯炯有神。妈妈说那时候赶上了"上山下乡"，要不她也是大学生，她一定能有不一样的人生。妈妈太谦虚，她的人生已经挺了不起了。

　　妈妈在省里最大的宾馆商品部上班，她代表单位参加职业技能大赛得了冠军，奖励是坐飞机游珠海、深圳。那个年代绝大多数人只在电视里见过飞机，而妈妈就坐过了。后来常常因为工作要出差，上海和广州到处跑，每去一个地方就给我买衣服，我应该是我们幼儿园里"时尚时尚最时尚"的那个吧。

　　这么回忆起来，爸爸当时应该是职场弱势的那一方，妈妈一出差就是爸爸带我。妈妈一出差，我就发烧，妈妈回来我就好了，就是这么神奇。爸爸抱着我满头大汗去医院打针输液，都不及妈妈带着新衣服和糖果回家来得更有效果。在宾馆工作总能赶上一些重要的会议，据说某个当时的领导去商品部买东西认识了妈妈，深深地被这个女孩儿身上的灵气和干练给吸引了，非要介绍给自己的儿子，想要妈妈当儿媳妇。妈妈每次骄傲地跟爸爸说起这个事儿应该都是在某个方面受了委屈，想让爸爸知道她拒绝豪门、"下嫁"给他，他更应该珍惜呵护。

　　现在回想起来当时幼小的我能记住这个情节，可见妈妈讲述的频次。但妈妈豪气的地方，就是没有嫁给权贵，而是嫁给了爱情。

　　爸爸认识了妈妈之后就去当兵了，一去五年，妈妈就等了他五年。五年现在看来是多么漫长的一段时间，他们经常通信，那些信笺爸爸都保留着，说是等我结婚了送给我。妈妈的婚礼简朴而滑稽，只有两辆车，爸妈坐一辆，亲朋好友坐另外一辆大巴，去吃喜宴的路上两辆车走散了，新郎新娘面面相觑地等了宾客很久，才最终完成婚礼。

说来奇怪，这些事情写起来好像我就在边上看着他俩一样，像是亲历者一般具象。妈妈这几年越发不爱出门，不爱跟人打交道。和我从前认识的她越来越不一样。爸爸在事业的下半场蒸蒸日上，妈妈就慢慢进入相夫教子的模式——"买断工龄"离开了单位，专心在家照顾我们。一家人的命运就像乘坐小船在浩瀚人海里起起伏伏，同进退、共生死。在经历了老天安排好的诸多起伏后，大家都更老了些，还好日子也富足起来。

去年春节，我们一家去了迪拜。我带着他们吃最好的住最好的。爸爸临出发买了新的DV，恨不得每一分钟都灌进去。他的悲观在老了之后很明显，他说这是他这辈子最后一次奢侈。妈妈也是很拼，积极参加了所有行程，还尝试了各国美食，乖乖地跟着每天几公里徒步，拍了各种姿势的旅行纪念照。爸爸后来在家里举办了几次展映会，把亲戚朋友请来家里看旅行的录像，妈妈就负责给大家做饭，沉浸在分享旅行见闻的乐趣中。转眼一年又过去了，妈妈参加同学聚会后做了重要发言，合影照片里妈妈看上去最年轻，但是妈妈也很伤感，她觉得同学们都那么老了，她是不是也就是那么老了。

妈妈生我的时候是29岁，在那个年代，她算是大龄产妇了。如今的我比那时的她还要年长6岁，却仍旧被她牵挂惦记，这应该也是一种幸福。在她眼里我永远未成年。其实在我眼里，她也越活越小了，越来越任性、胆小、敏感、自闭。当年果敢地和爸爸一起拉扯着我，奋战在激烈的人生洪流中的美少女战士，理应得到更多的关心和理解。

昨天收到她发来的照片，从网上买了一箱百香果，然后一个个切开挖空，把果肉都收集到一个玻璃罐子里，说是要以后每天舀一勺出来冲水喝，养生保健。

妈妈，我们在朝着两个方向奔跑，我会变老，你会活得越来越轻巧。我只希望你健康开心，仅此。

33 与自卑抗争的许多年

YEARS OF STRUGGLE AGAINST INFERIORITY

我们的弱点、缺点也是我们的一部分。

生来骄傲是一种什么感觉呢？很羡慕这样的人，可以活得真的自信。

跟很熟的朋友才敢提及我的自卑，跟不熟的人说，人家可能会觉得你惺惺作态（写出来很潇洒，反正与读者见面的机会都是未知，见不到面感觉就不用太担心大家的反应，反正我也看不到……典型的鸵鸟心理）。我是个很自卑的人，出了什么问题都会归结于一点：是我不够好。遇到什么事之前都要先质疑自己一番，并深深焦虑于能力是不是达不到。有趣的是我在爱情和婚姻里比较特殊，出了问题会在"我不够好"和"我简直太好了！都是你的错！"之间循环往复。

"主持人"是个必须在镜头前呈现出自信的职业，慌张是可恶的，紧张是会从镜头里传递出来的。刚做这行时，每天都做噩梦，梦见摄影机对好了，导播倒数了，我一句词也想不出来。我问过小尼（央视男主持尼格买提），他说他的噩梦是上台了，但是手里没有话筒。小尼上台没话筒的事后来真的发生了，在一次青年歌手大赛的直播上。他和女主持人配合非常默契，完全不紧张，走上台串场报分数的时候，小尼发现手里是没有话筒的。话筒在表演间隙休息的时候交给了助手，后来就忘了拿。当事人的一身冷汗，观众是感觉不到的，他和女主持非常自然地分享了一个话筒，你说完我接过来说，根本感觉不到这是一个事故。我很羡慕这种自信，虽然小尼后来讲给我听的时候，我们都是一手冷汗。

我最近一次忘词是在 2018 年春节的一个重要晚会上，好在晚会不是电视直播，但其实有观众在现场的任何演出都属于"直播"，毕竟那么多双眼睛是全程在观看的。有一种串词是诗朗诵性质的，搭档一句说完你要接下一句，这样的词往往没有什么必然的逻辑，非常难背。我为此焦虑了几天，拿到词后每天睡前都要默背，忘词的噩梦也频繁发生。

终于，噩梦成真了。晚会现场，在众目睽睽之下，搭档说完了她的话，我一片空白，我那一句怎么也想不起来。灯光那么刺眼，舞台上一秒的空白都是令人窒息的——"最怕空气突然安静"。我微笑着看着搭档，轻声说了一句"你接着说吧"。这句话不是用话筒说的，还没傻到那个程度，话筒被我紧紧攥在手里，根本没法儿往嘴边送。搭档反应了一秒，立刻接着报幕，把一下个节目请了出来。下台的路上，我仍努力把几乎要抽筋的脸维持于微笑状态，在台上或者说在观众目光所及的范畴之内，是不能乱阵脚的。在后台我跟搭档道歉，幸亏她反应快。搭档人好心善，说了很多宽慰我的话，但是估计她当时也被吓了一大跳吧。

越是自卑越是做不好，越想做好就越做不好。朴素的道理经过惨痛的教训得以验证。其实很多重要的场合和活动，我也是参与过且成功完成过的，过关的秘诀有两个：1. 不要指望一次两次重要的录制（或者所谓的机会）就能改变命运，命运没那么容易改写，真正的改变一定是量变到质变的积累；2.做自己能力范畴之内的事，有信心能够完成，才能真的完成。

自卑素来是我的敌人，每一次怯懦都是因为它。有人说克服自卑的唯一办法就是消除自卑的根源，过关打怪。我想这世上没什么是唯一的，解决问题的方式肯定不止一种。做主持人多年，真心知道自己的短板，技不如人，自然自卑。被观众写信投诉"气若游丝""站没站像""长得不好""自以为幽默"等等，困扰了我好一阵子。我很敬重专业训练，术业有专攻，不是科班出身是自卑的一部分原因。普通话一级甲等证书我连考了两年才过，第二年考的时候，考官说："丫头，你的北京腔太重了。"我是个东北人，我当这点评是夸奖吧。我听传媒大学的同事们说，他们的专业课除了训练发音方法之外，还有形体、化妆等一系列练习，这些我都没有学过。驼背也是自卑的身体语言，在我身上也有验证。至于长相，随胖瘦起伏会有一定波动，但是也绝对不是"美人"，波动是在"普通长相"和"中等长相"之间。说到这里还真是要感谢我的平台，没有放弃一个全方位平平的人。别人可能一年两年就已经出类拔萃了，我花了十几年，还在磨蹭，在蜿蜒曲折的自我完善之路上蹒跚前行。

微博私信里偶尔会收到大家的提问求助，关于职场、学习、生活和自我认知的困惑。我想我们的烦恼大同小异。人类的痛苦往往来源于预期和现实的差距，我们对自己、对生活、对职场、对爱情和婚姻有很多期待，期待越高越需要相应的能力和运气去匹配。能力不是一个强烈的愿景能成就的，而运气也是天赐。在苦苦求索的路上，疲惫和失落如影随形，对自己的质疑遭到现实的印证，自卑的烙印逐渐加深。

在我看来，曾被批判的"佛系"的诞生无非是求索路上的驿站吧，佛系五分钟，奋战九小时。哪个成年人身上不是伤痂覆盖着软肋。我在节目里采访过很多癌症患者，他们得了癌症却又暂时没有很好的办法医治，医生就鼓励患者"带癌生存"、积极面对，把肿瘤当成身体的一部分，不使用杀伤力很强的武器做针对性很强的打击，而是通过饮食、运动和中医疗法来调理身体这个整体。有很多奇迹诞生在这些患者身上，几个月甚至几年坚持调理下来，肿瘤缩小甚至消失的也大有人在。我们的弱点、缺点也是我们的一部分，尺有所短寸有所长，不妄求消灭瑕疵，只求随着岁月和练习能点滴改善和进步，这就是非常积极的应对办法了。

　　本来没有想写成鸡汤，但是写完之后仿佛喝了一碗。"厨艺"又长进了。

1. 小学同学发来的微博私信，问我还认不认得出自己。真有趣，哪个是我呢？

1.

34 元气就是孩子气
STAY CHILDISH, STAY VITAL

爷爷走了那么多年，今天想起来，觉得孩子时真的很多事是不懂的，很多美好也体会不深，因为太小了没失去过什么，所以不懂那时天光和人爱的珍贵。

六一那天全世界的大人都沸腾了。双马尾梳起来，卡通 Tee 穿起来，一众胡子拉碴的老爷们儿勾肩搭背经过我身边时喊着晚上要组局喝酒庆祝儿童节。我觉得特美好。

儿童时自己不能决定要不要过儿童节以及怎么过节，都是看大人脸色和心情听天由命。幼儿园或者小学能放半天假，然后就"随缘"了，爹妈心情好时有糖果饮料和公园游览活动；心情不好就在家默默看动画片好了。孩子时目的直接单纯，想要的东西写在脸上，"不达目的不罢休"是如今孩子们的口号，我是孩子时还是懂事的，好像很小时就明白了"命里有时终须有，命里无时莫强求"的道理（也是太早熟）。举些能回忆起来的例子。

有一次去一个叔叔家做客，看到他们家有一个铁皮玩具，是一个发条装置的打鼓小熊，上满发条后小熊就摇头摆尾开始敲鼓，咚咚咚可神气了。我太想要了，就厚着脸皮鼓足勇气跟那个叔叔说："叔叔，这个小熊可真好玩啊。"然后低着头，双手紧紧攥着小熊的身体。怎料那位叔叔魔高一丈，回答说："是啊，这个小熊是很好玩啊。"……完蛋，好尴尬啊……可是孩子时还是更坚持："叔叔，这个真好玩……""是啊，就是很好玩啊……"印象里就是说了这样两个回合，我就默默把铁皮熊放回架子上，哼着歌假装不在意的样子，涨红了脸去找妈妈了。被无情拒绝还要硬撑，也是太早熟。

再比如有一年六一，爸妈都忙，那时候我是一名光荣的小学生了。好朋友们都被爸妈带去厂区唯一一个公园里穿格格服、皇帝服、画红脸蛋、坐道具龙椅上拍纪念照片去了。我一个人在奶奶家吃午饭摆臭脸，觉得被全世界抛弃了。奶奶安慰我说让爷爷带我去后院儿的大野地去摘野菜去（写到这里隐隐担心会被年轻洋气的读者们嫌弃）。有一种野菜叫"婆婆丁"，奶奶说摘回来拌凉菜。那天太阳特别大，很晒，大野地里除了野菜、大树和小野花也没什么可期待的，所以起初我的心里是拒绝的。爷爷倒是很开心，穿上白色汗衫，里面还有一件白色背心，拉起我，拿上塑料小桶就往大野地走。印象里爷爷的背影被汗透了，我手里攥满了野菜，每拔一棵就去问爷爷能不能吃。爷爷看一眼，能吃的放进小桶，不能吃的就被我残忍地丢到地上了。

尘归尘，土归土，当时完全不觉得可惜以及荼毒了生命。爷爷和我度过了非常难得的一个下午，我是噘着嘴出的家门，但是后来越来越发现大自然的有趣，和爷爷嘻嘻哈哈地满载而归。晚饭时就有了醋拌婆婆丁这道菜，爷爷整张脸都晒红了，红脸配绿菜，埋头吃饭的样子忽然变得好生动，就这样出现在脑子里。

爷爷走了那么多年，今天想起来，觉得孩子时真的很多事是不懂的，很多美好也体会不深，因为太小了没失去过什么，所以不懂那时天光和人爱的珍贵。

前几天收到秋微姐新书《男人相对论》，在书里读到她引用木心先生的一句话：元气就是孩子气。多好多精辟。这个运转得快得不行的世界已经让我们在长大后越来越记不起儿时的样子，无暇顾盼只能机械式闷头往前赶路，生怕一个恍神就被竞争对手占了先机。这世界真是这样么？我总是不信，也总是因此被奚落说太自我以及太幼稚。可是那又怎么样呢？老天爷又没有规定说每个人都要成为马云。做自己，保持童心并相信真善美，像孩子一样直截了当，追求自己真正想要的生活。

我想，爷爷在天上对我的期待也就是想让我一直是那个跟在他屁股后面挖野菜的快乐孩子。他不介意我的美丑胖瘦，更不介意我红不红每天在电视上出现几次。他只希望我健康快乐就好吧……

一定是这样的。

35 云和岩石
CLOUDS AND ROCKS

一个过来人告诉我，游学不一定只发生在教室，在任何一个地方觉得被启发和有所获都是学习。

策划了半辈子的"游学"在 35 岁这一年终于实现了。

我是学英文的，这个很多人不知道。我四岁开始接触英语，初中高中大学都是英文专业（初中高中读的是长春外国语学校，20 世纪全国建立的为数不多的专门培养外语人才的学校之一）。大学读的是北京外国语大学英语专业国际新闻传播系，所以后来当了主持人真是老天爷的神来之笔。

上学时很多同学就早早出国深造了，大学时也有一些机会可以出去读书，但是毕业后家里希望我趁着年轻力壮早点工作，在取舍之间心里就留了一个遗憾。

以前有个词叫"北漂"，现在大家不怎么提了，因为更年轻的一波在北京的孩子们心没有我们那时候那么重了，感觉他们活得都更轻巧些。我们那个时候真的是无依无靠，一心想着如何找到一份解决户口以及可以自给自足的工作，找到后又如何在残酷的竞争中站稳脚，站稳后如何能成为不可代替的角色，成了那样的角色之后又如何保持一致不可代替……过去的十几年里，以一种不假思索的状态，不敢懈怠地一路过关打怪自我迭代，转眼人到中年。

今年夏天，我感受到了前所未有的疲劳和枯竭。身体像是一辆开了很久却未能好好保养的旧卡车，脑袋也很空。经过深思熟虑及与家人的商量，终于决定用一个月的时间独自去探索一下未知世界。出发之前，很多人问说怎么能有那么长的假期，我回答："因为足够迫切"。一个人足够迫切时，所能爆发的主观能动力是非凡的，发愿的强度决定了实现的可能性。

写这些字的时候，我正坐在纽约曼哈顿下城的一家咖啡馆落地窗前。今天纽约下着细雨，本来想去吃早饭的咖啡馆，因为去得太早了还没开张，只好在入住酒店一层的咖啡馆喝一杯。这家咖啡馆叫"Jack's Coffee"，以往喝咖啡都是美式，今天早上尝试了一种叫"Dirty Harry"的咖啡，配方是香草拿铁加杏仁牛奶，当然，得加两份浓缩。身边各种肤色的人都在自己的日程表里，有人刚刚结束运动，有人是在上班路上进来买一杯，也有和我一样的——打开笔记本奋笔疾书。

纽约客们很喜欢运动服和耳机。大家看上去都是马拉松选手：leggings 运动鞋环保袋，大狗小狗也起得很早，和主人一起来喝咖啡以及"发早呆"。我一度很懊恼没办法修任何课程，因为最短期的课程也要半年。但是一个过来人告诉我，游学不一定只发生在教室，在任何一个地方觉得被启发和有所获都是学习。我在纽约学着融入和沉浸在完全不同的文化里，学着放松和打开，启动更多观察的触角，搜集储备能量和创意。

比如昨天在艺术书店发现一本摄影集，名字叫作《岩石和云朵》，摄影师叫 Mitch Epstein（米奇·爱泼斯坦，当代摄影大师），1952 年生人，以独到的用色闻名于世。在美国和欧洲很多博物馆都收藏着他的作品。20 世纪 70 年代中期，他放弃学业去周游世界，旅途中拍摄了许多废墟、岩石和年轻人焦虑的生活状态，后期他掌握了黑白摄影技巧后便一发不可收拾。这本影集是他 2018 年初出版的新作。翻开摄影集的时候时间就慢下来了，黑白灰的岩石，一直在阴天的铅灰色的云朵。世界上没有一模一样的两片叶子，亦不会有一模一样的两块岩石。地貌不同，纹理千差万别，拍摄时心境不同，拍摄角度亦能映射心理波澜。如果没有多年的游历和观察，岩石和云朵又有什么了不起的寓意呢。

常被诟病的，"不切实际"的人往往更有机会看到世界的全貌。

1. | 2.
3. | 4.

1-4. 纽约 Moma 艺术书店的意外发现。

36 最糟糕的一天
THE WORST DAY

无常是人世间的常态。无论是对待自己，还是对待周遭，如果把每一天都当成此生的最后一天，很多选择会不会不同？常常听人抱怨"今天真是糟透了"，但今天也是你人生中拥有着一切的一天啊。

"我希望那一天永远不要结束，尽管那是此生最糟糕的一天，但也是你仍和我在一起的一天。"

在911纪念博物馆的墙上，这句话击中了我。灰黑色的墙上不断浮现许多句子，来自目睹、亲历、幸存于那场灾难的人们。

飞机碎片、建筑残骸、受难者遗物、救援人员烧焦的制服、寻人启事、当天的新闻报道……人们安静肃穆地行走其间，角落里摆放了纸巾盒给落泪的观者。没人拍照，没人合影，有一个展区出口处有几个电话听筒，拿起来放在耳边，里面传出电话留言录音。毕竟911那个早上之后，2996个人的电话永远无人接听。

印象里，2001年的那一天中午阳光很好，大家在教室里吃着盒饭，突然有人说美国有个世界贸易中心被飞机撞了。电视被打开，我从米饭里抬起头来，看到大楼冒烟着火的画面，看到灾难电影一样的飞机撞击画面，觉得是很遥远的地方发生了一件不好的事情。好几个男同学围在电视前面大声讨论着，我戴起了耳机，继续吃饭。

我自认为从小是一个偶尔自私、有时冷漠的人，完全没想到会在纪念馆里哭起来。有几张照片是 AP 的记者在现场拍到的：几个人正从高空坠落，身后是冒烟着火的大楼。目击者文字注解之一这样说："我看到一位优雅的女士，她站在窗边，头发整齐，穿着西装和铅笔裙。这是一位怎样得体的女士啊，她在纵身一跃之前，用手提起了裙摆。"

新世贸的几栋大楼中间有一个很大的下沉式的水幕景观，四周围筑起了一圈黑色的矮墙，上面镌刻着全部死难者的姓名。这是家人来看望他们的地方，偶尔看到白色的玫瑰花插在某个名字上，这一天是他/她的生日。

《寻梦环游记》告诉我们真正的死亡是被遗忘，倘若被一直记着、挂念着，便是获得了永生。

无论是何种形式的告别，对于爱着的人来说都是仓促的。爸爸今年在阜外医院住院做手术，病房是三人一间，三个差点心梗的"老头儿"并排躺着，病床之间有只能过一个人的宽度。床脚靠墙的地方一张床配了一把椅子，给家属陪护使用。

第一天白天做完了术前检查就没什么事了，就是等着第二天手术了。三个病人加三个家属百无聊赖，病人躺着玩手机，家属坐着玩手机。中间床的叔叔是从兰州来北京的，儿子陪着。父子关系感觉不怎么样，要么不说话，要么就是大嗓门地互怼，说急了还飚脏字，"老子"躺着也是"老子"，儿子也绝不客气，弄得气氛很尴尬。右边床是一个东北小伙子，膀大腰圆脸色红润，看起来酒量和饭量都很好，好像还是个网红，没事就在病房里开直播，媳妇就一直骂他不把病当回事儿。

爸爸和我最沉默，我很生气他不爱惜身体，他很生气自己病了给我惹了麻烦。病房晚上不能陪床，家属需到点儿"下班"，手术之前的漫漫长夜就要靠患者们之间互相鼓励熬过去了。

次日上午，大家陆续去手术，像送别战友一样，一个一个推出去。护士一背身，患者脱光躺好，绿单子一裹，出发。兰州叔叔和东北小伙都假装镇定，嘴上说着"一切顺利啊老刘"，心里一定在为自己担心。

爸爸手术顺利，一个小时不到就回了病房，开了一个好头。一直快到晚上兰州叔叔才被推进去，儿子也不说话了，紧跟着护士。叔叔像有话要说，却也只是在流水线一样的节奏中张了张嘴。一到傍晚病房又开始清人，爸爸情况稳定，我放心地走了。东北小伙今天没直播，媳妇一直在床边紧挨着他坐着。第三天早上，我一进病房就感受到了奇怪的气氛。爸爸坐在床上给我发微信，他说兰州叔叔昨天差点儿下不来手术台，血管太脆，支架放进去打开时血管破了，抢救了很久。手术做完推回病房后半夜又喷射状呕吐，医生护士轮番抢救，除颤器的电流击穿了深夜的平静。叔叔劫后余生地闭着眼睛躺在床上，像一个人偶。儿子红着眼睛坐着，还是在看着手机，但隔一小会儿就要看一眼爸爸。

好险，他差一点就没有了爸爸。

无常是人世间的常态。无论是对待自己，还是对待周遭，如果把每一天都当成此生的最后一天，很多选择会不会不同？常常听人抱怨"今天真是糟透了"，但今天也是你人生中拥有着一切的一天啊。

1.新世贸大厦一隅。

1.

后记
AFTERWORD

像是要告别一个寄宿在家里两年的"不速之客"一样要告别第一本书了。后记写完就是再也不要补充和修改了，就是放它走，结束一段热情和犹豫。

我是一个天生惧怕"不完美"的人。我惧怕它成为笑柄和谈资，我惧怕它成为日后的我反思的素材。我把还未被自己推翻的思想和创造的故事串联起来，我想和你分享这一个阶段的我，像分享一个蜜蜡作品，一个标本。

翻过 35 岁这一道小山丘之后，看淡的事越来越多，没想到看重的事也是。大多数情况下都在做减法，但体检项目加了又加。不工作时话说得越来越少，咖啡和酒都是越喝越多。闺蜜的儿子已经开始学习编程和马术，我家猫也十六岁了。明天要去看陈绮贞的演唱会，年初预售时

就订了最好位置的票，这时候觉得钱还是很有用的。14 岁时认识她，转眼几十年。她的每一首歌里都存着当时的记忆，每个在演唱会上流泪的人都是因为对望了时光机里的自己。

　　时间以我们不可估量的速度标记着成熟或衰弱。这本书将封存故事里的人物和我自己的一段生活。给书配图时我删掉了许多带有明确脸孔的照片，不想被太过表面的任何干扰，只希望你看到我看到的，感受到的，有如高明的罪案现场一样，有蛛丝马迹可循的流逝和存在。

　　世界上没有虚构，每一份欣喜或痛苦都不特殊。感恩有机会能把自己浅薄而笨拙的发现付诸白纸黑字，愿我们能早些参悟生活的隐藏提示，在海海人生里，无憾做自己。

　　谢谢每一个读到这里的人。
　　谢谢每一个鼓励我写到这里的人。

　　　　　　　　　　　　　　　　　　　　　　悦 2019.6.21 北京

TO

DIE

YOUNG

AS

LATE

AS

POSSIBLE

人 员 名 单

策划：当下制造

制作人：安帅

顾问：王小东

书籍装帧 / 插画：朱丽洁 张涵 李坤

视觉总监：金雨菲

封面摄影师：崔峻超

内文摄影师：葛培 姜帅

一次成像摄影师：TenGuSan

视频导演：George

视频后期：韦海玲

服装造型：许嘉格

化妆师：凌竹 王姝岩 杨微 刘佳苗

项目统筹：朴月蓉 彭福香

宣传统筹：袁艺饶

艺人统筹：嘉嘉

特 别 鸣 谢

国宏 & 私人做法

孟昭然 & MENGFLORA

你的照片贴在此处

一起进入一场美梦

MENGFLORA

威猛仙花 ⒨

(WISH YOU)
Love / New Relationships / Compassion / Creativity

（威猛仙花 兰花花礼）
献给每一个值得纪念的日子

图书在版编目（CIP）数据

一场美梦 / 悦悦著. -- 北京：中国青年出版社，2020.6

ISBN 978-7-5153-6021-8

Ⅰ. ①一… Ⅱ. ①悦… Ⅲ. ①人生哲学－通俗读物 Ⅳ. ①B821-49

中国版本图书馆CIP数据核字(2020)第075857号

策　　划　当下制造
责任编辑　张　军
编　　辑　张君娜
视觉设计　朱丽洁　张　涵　李　坤

一场美梦

悦悦 / 著

出版发行：中国青年出版社
地　　址：北京市东四十二条21号
邮政编码：100708
电　　话：(010) 59231565
传　　真：(010) 59231381
企　　划：北京中青雄狮数码传媒科技有限公司
印　　刷：北京建宏印刷有限公司
开　　本：880 x 1230　1/32
印　　张：8.5
版　　次：2020年6月北京第1版
印　　次：2020年6月第1次印刷
书　　号：ISBN 978-7-5153-6021-8
定　　价：69.00元

本书如有印装质量等问题，请与本社联系
电话：(010) 59231565
读者来信：reader@cypmedia.com
投稿邮箱：author@cypmedia.com
如有其他问题请访问我们的网站：http://www.cypmedia.com

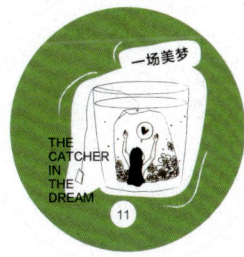

01 老狗的秘密
AN OLD DOG'S SECRET

三七花柠檬茶： 三七花 3-5 朵 / 柠檬切片 2 片 / 冰糖
适量

First Cup

降脂、降压、提高心肌供养能力、抗疲劳、增强肌体免疫力。

02 一场美梦
THE CATCHER IN THE DREAM

助眠安神茶： 金丝小枣 3 枚 / 百合花 2 朵 / 蜂蜜 10ml

Second Cup

清香润肺、助眠安神。

03 不洗头又不会死
BAD HAIR DOESN'T KILL

祛心火茶： 莲子心 2 克 / 柏子仁 2 克 / 薄荷 1 克 /
黄菊 1 朵 / 鲜松针 1 克

Third Cup

祛心火、祛风治头痛、头痒、生发。

04 刺青
TATTOO

醒酒和胃茶： 葛花 3 朵 / 佛手花 2 朵 / 红糖一颗

Fourth Cup

解酒保肝、理气和胃止痛。

06 当 SAMMY LEE 遇上 JOSEPH LAU
WHEN SAMMY LEE MET JOSEPH LAU

宽胸理气茶： 法国玫瑰 5 朵 / 茉莉花 6 朵 / 金银花 1
朵 / 贡菊 1 朵 / 降真香 1 克

Fifth Cup

疏肝解郁、理气宽胸。

08 皮囊之下
UNDER THE SKIN

美容养颜茶： 木槿花蕾 5 朵 / 金盏花 1 朵 / 冰糖若干

Sixth Cup

清热利湿、排毒养颜、久服使皮肤清洁柔软。

11 笨笨的爱
LOVE WITHOUT WORDS

刮油瘦身茶： 白毫银针 5 条 / 新会陈皮 1 片 / 生山楂 5 片 / 柠檬 1 片 / 荷叶丝 5 条

Seventh Cup

刮油促消化、瘦身减肥。

15 单选题
COFFEE OR TEA OR ME?

提神醒脑茶： 乌梅 2 枚 / 生山楂 5 片 / 金边玫瑰 3 朵 / 冰糖适量

Eighth Cup

利肝胆、助消化、提神醒脑、抗疲劳。

18 那些我为你做的无用小事
THOSE USELESS LITTLE THINGS I DID FOR YOU

骨骼强健茶： 绿茶或红茶 1-3 克 / 核桃仁 3 个 / 桑椹干 5 粒 / 枸杞子 10 粒 / 骨碎补 5 克

Ninth Cup

补肾、壮骨、醒脑、益智。

22 猫恩难忘
TO MY BELOVED ONES

舒肝解郁茶： 法国玫瑰 3 朵 / 黄菊 1 朵 / 丹桂一枝

Tenth Cup

疏肝解郁、醒脾和胃、利血行气、养颜轻身。

24 非典型疼痛
ATYPICAL PAIN

经期保养茶： 红糖 5 克 / 生姜 1 片 / 核桃仁 3 个 / 玫瑰花冠 1 朵 / 月季花蕾 2 朵

Eleventh Cup

理气止痛、化瘀调经

34 元气就是孩子气
STAY CHILDISH, STAY VITAL

补肾精肾气茶： 枸杞子 10 粒 / 葡萄干 5 粒 / 桑葚干 5 粒

Twelfth Cup

补肾精、益肾气、养血抗衰老。